林徽因

文集】

恋上一座城

林徽因◎著

文化发展出版社
Cultural Development Press
·北京·

图书在版编目（CIP）数据

恋上一座城 / 林徽因著．— 北京 ：文化发展出版社，2024．12．—（林徽因文集）．— ISBN 978-7-5142-4554-7

Ⅰ．TU-53

中国国家版本馆 CIP 数据核字第 2024ZU6951 号

恋上一座城

著　　者：林徽因

责任编辑：肖润征　　责任校对：岳智勇　马　瑶

特约编辑：李乐娟　　装帧设计：吕宜昌

责任印制：杨　骏

出版发行：文化发展出版社（北京市翠微路 2 号　邮编：100036）

网　　址：www.wenhuafazhan.com

经　　销：全国新华书店

印　　刷：三河市金兆印刷装订有限公司

开　　本：880mm × 1230mm　1/32

字　　数：86 千字

印　　张：4.5

版　　次：2024 年 12 月第 1 版

印　　次：2024 年 12 月第 1 次印刷

定　　价：45.00 元

I S B N ：978-7-5142-4554-7

◆ 如有印装质量问题，请电话联系：17710717619

目录

建筑

论中国建筑之几个特征[1]

中国建筑为东方最显著的独立系统，渊源深远，而演进程序简纯，历代继承，线索不紊，而基本结构上又绝未因受外来影响致激起复杂变化者。不只在东方三大系建筑之中，较其他两系——印度及阿拉伯（回教建筑）——享寿特长，通行地面特广，而艺术又独臻于最高成熟点。即在世界东西各建筑派系中，相较起来，也是个极特殊的直贯系统。大凡一例建筑，经过悠长的历史，多掺杂外来影响，而在结构、布置乃至外观上，常发生根本变化，或循地理推广迁移，因致渐改旧制，顿易材料外观，待达到全盛时期，则多已脱离原始胎形，另具格式。独有中国建筑经历极长久之时间，流布甚广大的地面，而在其最盛期中或在其后代繁衍期中，诸重要建筑物，均始终不脱其原始面目，保存其固有主要结构部分及布置规模，虽则同时在艺术工程方面，又皆无可置议地

①本文原载于1932年3月《中国营造学社汇刊》第3卷第1期。

进化至极高程度。更可异的是：产生这建筑的民族的历史却并不简单，且并不缺乏种种宗教上、思想上、政治组织上的迭出变化；更曾经多次与强盛的外族或在思想上和平地接触（如印度佛教之传入），或在实际利害关系上发生冲突战斗。

这结构简单、布置平整的中国建筑初形，会如此地泰然，享受几千年繁衍的直系子嗣，自成一个最特殊、最体面的建筑大族，实是一种极值得研究的现象。

虽然，因为后代的中国建筑，即达到结构和艺术上极复杂精美的程度，外表上却仍呈现出一种单纯简朴的气象，一般人常误会中国建筑根本简陋无甚发展，较诸别系建筑低劣幼稚。

这种错误观念最初自然是起于西人对东方文化的粗忽观察，常作浮躁轻率的结论，以致影响到中国人自己对本国艺术发生极过当的怀疑乃至于鄙薄。好在近来欧美迭出深刻的学者对于东方文化慎重研究，细心体会之后，见解已迥异于从前，积渐彻底会悟中国美术之地位及其价值。但研究中国艺术尤其是对于建筑，比较是一种新近的趋势。外人论著关于中国建筑的，尚极少好的贡献，许多地方尚待我们建筑家今后急起直追，搜寻材料考据，作有价值的研究探讨，更正外人的许多隔膜和谬解处。

在原则上，一种好建筑必含有以下三要点：实用、坚固、美观。实用者：切合于当时当地人民生活习惯，适合于当地地理环境。坚固者：不违背其主要材料之合理的结构原则，在寻常环境之下，含有相当永久性的。美观者：具有合理的权衡（不是上重下轻巍然欲倾，上大下小势不能支；或孤耸高峙或细长突出等违背自然律的状态），要呈现稳重、舒适、自然的外表，更要诚实地呈露全部及部分的功用，不事掩饰，不矫揉造作，勉强堆砌。美观，也可以说，即是综合实用、坚稳，两点之自然结果。

一、中国建筑，不容疑义的，曾经包含过以上三种要素。所谓曾经者，是因为在实用和坚固方面，因时代之变迁已有疑问。近代中国与欧西文化接触日深，生活习惯已完全与旧时不同，旧有建筑当然有许多跟着不适用了。在坚稳方面，因科学发达结果，关于非永久的木料，已有更满意的代替，对于构造亦有更经济精审的方法。以往建筑因人类生活状态时刻推移，致实用方面发生问题以后，仍然保留着它的纯粹美术的价值，是个不可否认的事实。和埃及的金字塔、希腊的巴瑟农庙(Parthenon)①一样，北京的坛、庙、宫、殿，是会永远继续着享受荣誉的，虽然它们本来实际的功用已经完全失掉。纯粹美术价值，虽然可以脱离实用方面而存在，它却绝对不能脱离坚稳合理的结构原则而独立。因为美的权衡比例，美观上的多少特征，全是人的理智技巧，在物理的限制之下，合理地解决了结构上所发生的种种问题的自然结果。

①今译作帕特农神庙。

二、人工制造和天然趋势调和至某程度，便是美术的基本，设施雕饰于必需的结构部分，是锦上添花；勉强结构纯为装饰部分，是画蛇添足，足为美术之玷。

中国建筑的美观方面，现时可以说，已被一般人无条件地承认了。但是这建筑的优点，绝不是在那浅显的色彩和雕饰，或特殊之式样上面，却是深藏在那基本的、产生这美观的结构原则里，及中国人的绝对了解控制雕饰的原理上。我们如果要赞扬我们本国光荣的建筑艺术，则应该就它的结构原则和基本技艺设施方面稍事探讨；不宜只是一味地，不负责任，用极抽象，或肤浅的诗意美谀，披挂在任何外表形式上，学那英国绅士骆斯背(Ruskin)①对高矗式(Gothic)②建筑，起劲地唱些高调。

建筑艺术是个在极酷刻的物理限制之下，老实的创作。人类由使两根直柱架一根横楣，而能稳立在地平上起，至建成重楼层塔一类作品，其间辛苦艰难的展进，一部分是工程科学的进境，一部分是美术思想的活动和增富。这两方面是在建筑进步的一个总题之下，同行并进的。虽然美术思想这边，常常背叛它们的共同目标——创造好建筑——脱逾常轨，尽它弄巧的能事，引诱工程方面牺牲结构上的诚实原则，来将就外表取巧的地方。在这种情形之下时，建筑本身常被连

①今译作罗斯金。
②今译作哥特式。

累，损伤了真正的价值。在中国各代建筑之中，也有许多这样的例证，所以在中国一系列建筑之中的精品，也是极罕有难得的。

大凡一派美术都分有创编、试验、成熟、抄袭、繁衍、堕落诸期，建筑也是一样。初期作品创造力特强，含有试验性。至试验成功，成绩满意，达尽善尽美程度，则进到完全成熟期。成熟之后，必有相当时期因承相袭，不敢，也不能，逾越已有的则例；这期间常常是发生订定则例章程的时候。再来便是在琐节上增繁加富，以避免单调，冀求变换，这便是美术活动越出目标时。这时期始而繁衍，继则堕落，失掉原始骨干精神，变成无意义的形式。堕落之后，继起的新样便是第二潮流的革命元勋。第二潮流有鉴于已往作品的优劣，再研究探讨第一代的精华所在，便是考据学问之所以产生。

中国建筑的经过，用我们现有的、极有限的材料作参考，已经可以略略看出各时期的起落兴衰。我们现在也已走到应作考察研究的时代了。在这有限的各朝代建筑遗物里，很可以观察、探讨其结构和式样的特征，来标证那时代建筑的精神和技艺，是兴废还是优劣。但此节非等将中国建筑基本原则分析以后，是不能有所讨论的。

在分析结构之前，先要明了的是主要建筑材料，因为材料要根本影响其结构法的。中国的主要建筑材料为木，次加砖石瓦之混用。外表上一座中国式建筑物，可明显地分作三大部：台基部分、柱梁部分、屋顶部分。台基是砖石混用。由柱脚至梁上结构部分，直接承托屋顶者则全是木造。屋顶除少数用茅茨、竹片、泥砖之外自然全是用瓦。而这三部分——台基，柱梁，屋顶——可以说是我们建筑最初胎形的基本要素。

《易经》里："上古穴居而野处，后世圣人易之以宫室，上栋，下宇。以待风雨。"还有《史记》里："尧之有天下也，堂高三尺……"可见这"栋""宇"及"堂"（基）在最古建筑里便占定了它们的部分势力。自然最后经过繁重发达的是"栋"——那木造的全部，所以我们也要特别注意。

"间"在平面上是一个建筑的最低单位。普通建筑全是多间的且为单数。有"中间"或"明间""次间""稍间""套间"等称。

中国"架构制"与别种制度（如哥特式之"砌拱制"，或西欧最普通之古典派"垒石"建筑）之最大分别：（一）在支重部分之完全倚赖立柱，使墙的部分不负结构上重责，只同门窗隔屏等，尽相似的义务——间隔房间，分划内外而已。（二）立柱始终保守木质不似古希腊之迅速代之以垒石柱，且增加负重墙(Bearing Wall)，致脱离“架构”而成“垒石”制。

这架构制的特征，影响至其外表式样的，有以下最明显的几点：(一)高度无形的受限制，绝不出木材可能的范围。(二)即极庄严的建筑，也是呈现绝对玲珑的外表。结构上即绝不需要坚厚的负重墙，除非故意为表现雄伟的时候，酌量增用外(如城楼等建筑)，任何大建，均不需墙壁堵塞部分。(三)门窗部分可以不受限制，柱与柱之间可以完全安装透光线的细木作——门屏窗牖之类。实际方面，即在玻璃未发明以前，室内已有极充分光线。北方因气候关系，墙多于窗，南方则反是，可伸缩自如。

这不过是这结构的基本方面，自然的特征。还有许多完全是经过特别的美术活动，而成功的超等特色，使中国建筑占极高的美术位置的，而同时也是中国建筑之精神所在。这些特色最主要的便是屋顶、台基、斗拱、色彩和均称的平面布置。

屋顶本是建筑上最实际必需的部分，中国则自古，不殚烦难的，使之尽善尽美。使切合于实际需求之外，又特具一种美术风格。屋顶最初即不只为屋之顶，因雨水和日光的切要实题，早就扩张出檐的部分。使檐突出并非难事，但是檐深则低，低则阻碍光线，且雨水顺势急流，檐下溅水问题因之发生。为解决这个问题，我们发明了飞檐，用双层瓦椽，使檐沿稍翻上去，微成曲线。又因美观关系，使屋角之檐加甚其仰翻曲度。

这种前边成曲线，四角翘起的“飞檐”，在结构上有极自然又合理的布置，几乎可以说它便是结构法所促成的。

如何是结构法所促成的呢？简单说：例如“庑殿”式的屋瓦，共有四坡五脊。正脊寻常称房脊，它的骨架是脊桁。那四根斜脊，称“垂脊”，它们的骨架是从脊桁斜角，下伸至檐桁上的部分，称由戗及角梁。桁上所钉并排的椽子虽像全是平行的，但因偏左右的几根又要同这“角梁平行”，所以椽的部位，乃由真平行而渐斜，像裙裾的开展。

角梁是方的，椽为圆径（有双层时上层便是方的，角梁双层时则仍全是方的）。角梁的木材大小几乎倍于椽子，到椽与角梁并排时，两个的高下不同，以致不能在它们上面铺钉平板，故此必需将椽依次地抬高，令其上皮同角梁上皮平。在抬高的几根椽子底下填补一片三角形的木板，称“枕头木”。

这个曲线在结构上几乎不可信地简单和自然，而同时在美观方面不知增加多少神韵。飞檐的美，绝用不着考据家来指点的。不过注意那过当和极端的倾向常将本来自然合理的结构变成取巧与复杂。这过当的倾向，外表上自然也呈出脆弱、虚张的弱点，不为审美者所取，但一般人常以为愈巧愈繁必是愈美，无形中多鼓励这种倾向。南方手艺灵活的地方，过甚的飞檐便是这种证例。外观上虽是浪漫的姿态，容易引诱赞美，但到底不及北方的庄重恰当，合于审美的最真纯条件。

屋顶曲线不只限于挑檐，即瓦坡的全部也不是一片直坡倾斜下来，屋顶坡的斜度是越往上越增加。这斜度之由来是依着梁架叠层的加高，这制度称作“举架法”。这举架的原则极其明显，举架的定例也极其简单，只是叠次将梁架上瓜柱增高，尤其是要脊瓜柱特别高。

使檐沿作仰翻曲度的方法，在增加第二层檐椽，这层檐甚短，只驮在头檐椽上面，再出挑一节，这样则檐的出挑虽加远，而不低下阻蔽光线。

总的说起来，历来被视为极特异神秘之屋顶曲线，并没有什么超出结构原则和不自然造作之处，同时在美观实用方面均是非常的成功。这屋顶坡的全部曲线，上部巍然高举，檐部如翼轻展，使本来极无趣、极笨拙的屋顶部，一跃而成为整个建筑的美丽冠冕。

在《周礼》里发现有“上欲尊而宇欲卑；上尊而宇卑，则吐水，疾而霤远”之句。这句可谓明晰地写出了实际方面之功效。

既讲到屋顶，我们当然还是注意到屋瓦上的种种装饰物。上面已说过，雕饰必是设施于结构部分才有价值，那么我们屋瓦上的脊瓦吻兽又是如何？

脊瓦可以说是两坡相联处的脊缝上一种镶边的办法，当然也有过当复杂的，但是诚实地来装饰一个结构部分，而不肯勉强地来掩饰一个结构枢纽或关节，是中国建筑最长之处。

瓦上的脊吻和走兽，无疑的，本来也是结构上的部分。

现时的龙头形“正吻”古称“鸱尾”，最初必是总管“扶脊木”和脊桁等部分的一块木质关键。这木质关键突出脊上，略作鸟形，后来略加点缀竟然刻成鸱鸟之尾，也是很自然的变化。其所以为鸱尾者还带有一点象征意义，因有传说鸱鸟能吐水，拿它放在瓦脊上可遏制火灾。

走兽最初必为一种大木钉，通过垂脊之瓦，至“由戗”及“角梁”上，以防止斜脊上面瓦片的溜下，唐时已变成两座“宝珠”在今之“戗兽”及“仙人”地位上。后代鸱尾变成“龙吻”，宝珠变成“戗兽”及“仙人”，尚加增“戗兽”“仙人”之间一列“走兽”，也不过是雕饰上变化而已。

并且垂脊上戗兽较大，结束“由戗”一段，底下一列走兽装饰在角梁上面，显露基本结构上的节段，亦甚自然合理。

南方屋瓦上多加增极复杂的花样，完全脱离结构上任务纯粹的显示技巧，甚属无聊，不足称扬。

外国人因为中国人屋顶之特殊形式，迥异于欧西各系，早多注意及之。论说纷纷，妙想天开。有说中国屋顶乃根据游牧时代帐幕者，有说象形蔽天之松枝者，有曰中国飞檐为怪诞者，有谓中国建筑类儿戏者，有的全由走兽龙头方面，无谓的探讨意义，几乎不值得在此费时反证。总之这种曲线屋顶已经从结构上分析了，又从雕饰设施原则上审察了，而其美观实用方面又显著明晰，不容否认。我们的结论实可以简单地承认它艺术上的大成功。

中国建筑的第二个显著特征，并且与屋顶有密切关系的，便是“斗拱”部分。最初檐承于椽，椽承于檐桁，桁则架于梁墙。此梁端即是由梁架延长，伸出柱的外边。但高大的建筑物出檐既深，单指梁端支持，势必不胜，结果必产生重叠的木“翘”支于梁端之下。但单借木翘不够担全檐沿的重量，尤其是建筑物愈大，两柱间之距离也愈远，所以又生左右岔出的横“拱”来接受“檐桁”。这前后的木翘，左右的横拱，结合而成的“斗拱”全部(在拱或翘昂的两端和相交处，介于上下两层拱或翘之间的斗形木块称“枓”)。“昂”最初为又一种之翘，后部斜伸出斗拱后用以支“金桁”。

斗拱是柱与屋顶的过渡部分。伸支出的房檐的重量渐次集中下来直到柱的上面。斗拱的演化，每是技巧上的进步，但是后代斗拱(约略从宋元以后)，便变化到非常复杂，在结构上已有过当的部分，部位上也有改变。本来斗拱只限于柱的上面(今称柱头斗)，后来为外观关系，又增加一攒所谓“平身科”者，在柱与柱之间。明清建筑上平身科加增到六七攒，排成一列，完全成为装饰品，失去本来的功用。“昂”之后部功用亦废除，只余前部形式而已。

不过当复杂的斗拱，的确是柱与檐之间最恰当的关节，集中横展的屋檐重量，到垂直的立柱上面，同时变成檐下的一种点缀，可作结构本身变成装饰部分的最好条例。可惜后代的建筑多减轻斗拱的结构上重要，使之几乎纯为奢侈的装饰品，令中国建筑失却一个优越的中坚要素。

斗拱的演进式样和结构，限于篇幅不能再仔细述说，只能就它的极基本原则上在此指出它的重要及优点。

斗拱以下的最重要部分，自然是柱，及柱与柱之间的细巧的木作。魁伟的圆柱和细致的木刻门窗对照，又是一种艺术上的满意之点。不只如此，因为木料不能经久的原始缘故，中国建筑又发生了色彩的特征。涂漆在木料的结构上为的是：（一）保存木质抵制风日雨水，（二）可牢结各处接合关节，（三）加增色彩的特征，这又是兼收美观实际上的好处，不能单以色彩作奇特繁华之表现。彩绘的设施在中国建筑上非常之慎重，部位多限于檐下结构部分，在阴影掩映之中。主要彩色亦为“冷色”如青蓝碧绿，有时略加金点。其他檐以下的大部分颜色则纯为赤红，与檐下彩绘正成反照。中国人的操纵色彩可谓轻重得当。设使滥用彩色于建筑全部，使上下耀目辉煌，必成野蛮现象，失掉所有庄严和调谐。别系建筑颇有犯此忌者，更可见中国人有超等美术见解。

至彩色琉璃瓦产生之后，连黯淡无光的青瓦，都成为片片堂皇的黄金碧玉，这又是中国建筑的大光荣，不过滥用杂色瓦，也是一种危险，幸免这种引诱，也是我们可骄傲之处。

还有一个最基本结构部分——台基——虽然没有特别可议论称扬之处，不过在全个建筑上看来，有如许壮伟巍峨的屋顶如果没有特别舒展或多层的基座托衬，必显出上重下轻

它们是个别的建筑类型，也是个别的艺术杰作。每一类，每一座，都是过去劳动人民血汗创造的优美果实，给人以深刻的印象；今天这些都回到人民自己手里，我们对它们宝贵万分是理之当然。但是，最重要的还是这各种类型，各个或各组的建筑物的全部配合：它们与北京的全盘计划整个布局的关系；它们的位置和街道系统如何相辅相成；如何集中与分布；引直与对称；前后左右，高下起落，所组织起来的北京的全部部署的庄严秩序，怎样成为宏壮而又美丽的环境。

北京是在全盘的处理上才完整地表现出伟大的中华民族建筑的传统手法和在都市计划方面的智慧与气魄。这整个的体形环境增强了我们对于伟大的祖先的景仰，对于中华民族文化的骄傲，对于祖国的热爱。北京向我们证明了我们的民族在适应自然、控制自然、改变自然的实践中有着多么光辉的成就。这样一个城市是一个举世无匹的杰作。

我们承继了这份宝贵的遗产，的确要仔细地了解它——它的发展的历史，过去的任务，同今天的价值。不但对于北京个别的文物，我们要加深认识，且要对这个部署的体系提高理解，在将来的建设发展中，我们才能保护固有的精华，才不至于使北京受到不可补偿的损失，并且也只有深入地认识和热爱北京独立的和谐的整体格调，才能掌握它原有的精神来做更辉煌的发展，为今天和明天服务。

北京城的特点是热爱北京的人们都大略知道的。我们就按着这些特点分述如下。

我们的祖先选择了这个地址

北京在位置上是一个杰出的选择。它在华北平原的最北头，处于两条约略平行的河流的中间，它的西面和北面是一弧线的山脉围抱着，东面、南面则展开向着大平原。它为什么坐落在这个地点，是有充足的地理条件的。选择这地址的本身就是我们祖先同自然斗争的生活所得到的智慧。

北京的高度约为海拔五十公尺[①]，地质学家所研究的资料告诉我们，在它的东南面比它低下的地区，四五千年前还都是低洼的湖沼地带。所以历史家可以推测，由中国古代的文化中心的“中原”向北发展，势必沿着太行山麓这条五十公尺等高线的地带走。因为这一条路要跨渡许多河流，每次便必须在每条河流的适当的渡口上来往。当我们的祖先到达永定河的右岸时，经验使他们找到那一带最好的渡口。这地点正是我们现在的卢沟桥所在。渡过了这个渡口之后，正北有一支西山山脉向东伸出，挡住去路，往东走了十余公里这支山脉才消失到一片平原里。所以就在这里，西倚山麓，东向平原，一个农业的民族建立了一个最有利于发展的聚落，当然是适当而合理的。北京的位置就这样产生了。并且也就在这里，他们

① 1 公尺 =1 米。

有了更重要的发展。同北面的游牧民族开始接触，是可以由这北京的位置开始，分三条主要道路通到北面的山岳高原和东北面的辽东平原的。那三个口子就是南口、古北口和山海关。北京可以说是向着这三条路出发的分岔点，这也成了今天北京城主要构成原因之一。北京是河北平原旱路北行的终点，又是通向“塞外”高原的起点。我们的祖先选择了这地方，不但建立一个聚落，并且发展成中国古代边区的重点，完全是适应地理条件的活动。这地方经过世代的发展，在周朝为燕国的都邑，称作蓟；到了唐是幽州城，节度使的府衙所在。在五代和北宋是辽的南京，亦称作燕京；在南宋是金的中部。到了元朝，城的位置东移，建设一新，成为全国政治的中心，就成了今天北京的基础。最难得的是明、清两代易朝换代的时候都未经太大的破坏就又在旧基础上修建展拓，随着条件发展。到了今天，城中每段街、每一个区域都有着丰富的历史和劳动人民血汗的成绩。有纪念价值的文物实在是太多了。

北京城近千年来的四次改建

一个城是不断地随着政治经济的变动而发展着改变着的，北京当然也非例外。但是在过去一千年中间，北京曾经有过四次大规模的发展，不单是动了土木工程，并且是移动了地址的大修建。对这些变动有个简单认识，对于北京城的布局形势便更觉得亲切。

现在北京最早的基础是唐朝的幽州城，它的中心在现在广安门外迤南一带。本为范阳节度使的驻地，安禄山和史思明向唐代政权进攻曾由此发动，所以当时是军事上重要的边城。后来刘仁恭父子割据称帝，把城中的“子城”改建成宫城的规模，有了宫殿。九三七年，北方民族的辽势力渐大，五代的石晋割了燕云等十六州给辽，辽人并不曾改动唐的幽州城，只加以修整，将它“升为南京”。这时的北京开始成为边疆上一个相当区域的政治中心了。

到了更北方的民族金人的侵入时，先灭辽，又攻败北宋，将宋的势力压缩到江南地区，自己便承袭辽的“南京”，以它为首都。起初金也没有改建旧城，一一五一年才大规模地将辽城扩大，增建宫殿，有意识地模仿北宋汴梁的形制，按图兴修。他把宋东京汴梁（开封）的宫殿苑囿和真定（正定）的谭园木料拆卸北运，在此大大建设起来，称它作中都，这时的北京便成了半个中国的中心。当然，许多辉煌的建筑仍然是中都的劳动人民和技术匠人，承继着北宋工艺的宝贵传统，又创造出来的。在金人进攻“中原”的时候，“匠户”也是他们掳劫的对象，所以汴梁的许多匠人曾被迫随着金军到了北京，为金的统治阶级服务。金朝在北京曾不断地营建，规模宏大，最重要的还有当时的离宫，今天的中海、北海。辽以后，金在旧城基础上扩充建设，便是北京第一次的大改建，但它的东面城墙还在现在的琉璃厂以西。

一二一五年元人破中都，中都的宫城同宋的东京一样遭到剧烈破坏，只有郊外的离宫大略完好。一二六〇年以后，元世祖忽必烈数次到金故中部，都没有进城而驻驿在离宫琼华岛上的宫殿里。这地方便成了今天北京的胚胎，因为到了一二六七年元代开始建城的时候，就以这离宫为核心建造了新首都。元大都的皇宫是围绕北海和中海而布置的，元代的北京城便围绕着这皇宫成一正方形。

这样，北京的位置由原来的地址向东北迁移了很多。这新城的西南角同旧城的东北角差不多接壤，这就是今天的宣武门迤西一带。虽然金城的北面在现在的宣武门内，但当时元的新城最南一面却只到现在的东西长安街一线上，所以两城还隔着一个小距离。主要原因是当元建新城时，金的城墙还没有拆掉之故。元代这次新建设是非同小可的，城的全部是一个完整的布局。在制度上有许多仍是承袭中都的传统，只是规模更大了。如宫门楼观、宫墙角楼、护城河、御路、石桥、千步廊的制度，不但保留中都所有，且超过汴梁的规模。还有故意恢复一些古制的，如“左祖右社”的格式，以配合“前朝后市”的形势。

这一次新址发展的主要存在基础不仅是有天然湖沼的离宫和它优良的水源，还有极好的粮运的水道。什刹海曾是航运的终点，成了重要的市中心。当时的城是近乎正方形的，北面在今日北城墙外约两公里，当时的鼓楼便位于全城的中心点上，在今什刹海北岸。因为船只可以在这一带停泊，钟鼓楼自然是那时热闹的商市中心。这虽是地理条件所形成，但一向许多人说到元代北京形制，总以这“前朝后市”为严格遵循古制的证据。元时建的尚是土城，没有砖面，东、西、南每面三门；唯有北面只有两门，街道引直，部署井然。当时分全市为五十坊，鼓励官吏人民从旧城迁来。这便是辽以后北京第二次的大改建。它的中心宫城基本上就是今天北京的故宫与北海、中海。

一三六八年明太祖朱元璋灭了元朝，次年就“缩城北五里”，筑了今天所见的北面城墙。原因显然是本来人口就稀疏的北城地区，到了这时，因航运滞塞，不能到达什刹海，因而更萧条不堪，而商业则因金的旧城东壁原有的基础渐在元城的南面郊外繁荣起来。元的北城内地址自多旷废无用，所以索性缩短五里了。

明成祖朱棣迁都北京后，因衙署不足，又没有地址兴修，一四一九年便将南面城墙向南展拓，由长安街线上移到现在的位置。南、北两墙改建的工程使整个北京城约略向南移动四分之一，这完全是经济和政治的直接影响。且为了元的故宫已故意被破坏过，重建时就又做了若干修改。最重要的是因不满城中南北中轴线为什刹海所切断，将宫城中线向东移了约一百五十公尺，正阳门、钟鼓楼也随着东移，以取得由正阳门到鼓楼钟楼中轴线的贯通，同时又以景山横亘在皇宫北面如一道屏风。这个变动使景山中峰上的亭子成了全城南北的中心，替代了元朝的鼓楼的地位。这五十年间陆续完成的三次大工程便是北京在辽以后的第三次改建。这时的北京城就是今天北京的内城了。

在明中叶以后，东北的军事威胁逐渐强大，所以要在城的四面再筑一圈外城。原拟在北面利用元旧城，所以就决定内外城的距离照着原来北面所缩的五里。这时正阳门外已非常繁荣，西边宣武门外是金中都东门内外的热闹区域，东边崇文门外受航运终点的影响，工商业也发展起来。所以工程由南面开始，先筑南城。开工之后，发现费用太大，尤其是城墙由明代开始改用砖，较过去土墙所费更大，所以就改变计划，仅筑南城一面了。外城东西仅比内城宽出六七百公尺，便折而向北，止于内城西南、东南两角上，即今西便门、东便门之处。这是在唐幽州基础上辽以后北京第四次的大改建。北京今天的凸字形状的城墙就是这样在一五五三年完成的。假使这外城按原计划完成，则东面城墙将在二闸，西面差不多到了公主坟，现在的东岳庙、大钟寺、五塔寺、西郊公园、天宁寺、白云观便都要在外城之内了。

清朝承继了明朝的北京，虽然个别的建筑单位许多经过了重建，对整个布局体系则未改动，一直到了今天。民国以后，北京市内虽然有不少的局部改建，尤其是道路系统，为适合近代使用，有了很多变更，但对于北京的全部规模则尚保存原来秩序，没有大的损害。

由那四次的大改建，我们认识到一个事实，就是城墙的存在也并不能阻碍城区某部分一定的发展，也不能防止某部分的衰落。全城各部分是随着政治、军事、经济的需要而有所兴废。北京过去在体形的发展上，没有被它的城墙限制过它必要的展拓和所展拓的方向，就是一个明证。

北京的水源——全城的生命线

从元建大都以来，北京城就有了一个问题，不断地需要完满解决，到了今天同样问题也仍然存在。那就是北京城的水源问题。这问题的解决与否在有铁路和自来水以前的时代里更严重地影响着北京的经济和全市居民的健康。

在有铁路以前，北京与南方的粮运完全靠运河。由北京到通州之间的通惠河一段，顺着西高东低的地势，须靠由西北来的水源。这水源还须供给什刹海、三海和护城河，否则它们立即枯竭，反成孕育病疫的水洼。水源可以说是北京的生命线。

北京近郊的玉泉山的泉源虽然是“天下第一”，但水量到底有限；供给池沼和饮料虽足够，但供给航运则不足了。辽金时代航运水道曾利用高梁河水，元初则大规模地重新计划。起初曾经引永定河水东行，但因夏季山洪暴发，控制困难，不久即放弃。当时的河渠故道在现在西郊新区之北，至今仍可辨认。废弃这条水道之后的计划是另找泉源。于是便由昌平县神山泉引水南下，建造了一条石渠，将水引到瓮山泊（昆明湖）再由一道石渠东引入城，先到什刹海，再流到通惠河。这两条石渠在西北郊都有残迹，城中由什刹海到二闸的南北河道就是现在南北河沿和御河桥一带。元时所引玉泉山的水是与由昌平南下经同昆明湖入城的水分流的。这条水名金水河，沿途严禁老百姓使用，专引入宫苑地沼，主要供皇室的饮水和栽花养鱼之用。金水河由宫中流到护城河，然后同昆明湖、什刹海那一股水汇流入通惠河。元朝对水源计划之苦心，水道建设规模之大，后代都不能及。城内地下暗沟也是那时留下绝好的基础，经明增设，到现在还是最可贵的下水道系统。

明朝先都南京，昌平水渠破坏失修，竟然废掉不用。由昆明湖出来的水与由玉泉山出来的水也不两河分流，事实上水源完全靠玉泉山的水。因此水量顿减，航运当然不能入城。

到了清初建设时，曾作补救计划，将西山碧云寺、卧佛寺同香山的泉水都加入利用，引到昆明湖。这段水渠又破坏失修后，北京水量一直感到干涩不足。解放之前的若干年中，三海和护城河淤塞情形是愈来愈严重，人民健康曾大受影响。龙须沟的情况就是典型的例子。

一九五〇年，北京市人民政府大力疏浚北京河道，包括三海和什刹海，同时疏通各种沟渠，并在西直门外增凿深井，增加水源。这样大大地改善了北京的环境卫生，是北京水源史中又一次新的纪录。现在我们还可以期待永定河上游水利工程，眼看着将来再努力沟通京津水道航运的事业。过去伟大的通惠运河仍可再用，是我们有利的发展基础。

北京的城市格式——中轴线的特征

如上文所曾讲到，北京城的凸字形平面是逐步发展而来。它在十六世纪中叶完成了现在的特殊形状。城内的全部布局则是由中国历代都市的传统制度，通过特殊的地理条件，和元、明、清三代政治经济实际情况而发展的具体形式。这个格式的形成，一方面是遵循或承袭过去的一般的制度，一方面又由于所尊崇的制度同自己的特殊条件相结合所产生出来的变化运用。北京的体形大部是由于实际用途而来，又曾经过艺术的处理而达到高度成功的。所以北京的总平面是经得起分析的。过去虽然曾很好地为封建时代服务，今天它仍然能很好地为新民主主义时代的生活服务，并还可以再作社会主义时代的都城，毫不阻碍一切有利的发展。它的累积的创造成绩是永远可以使我们骄傲的。

大略地说，凸字形的北京，北半是内城，南半是外城，故宫为内城核心，也是全城的布局重心。全城就是围绕这中心而部署的。但贯通这全部部署的是一根直线。一根长达八公里，全世界最长，也最伟大的南北中轴线穿过了全城。北京独有的壮美秩序就由这条中轴的建立而产生。前后起伏左右对称的体形或空间的分配都是以这条中轴线为依据的。气魄之雄伟就在这个南北引伸、一贯到底的规模。

我们可以从外城最南的永定门说起，从这南端正门北行，在中轴线左右是天坛和先农坛两个约略对称的建筑群；经过长长一条市楼对列的大街，到达珠市口的十字街之后，才面向着内城第一个重点——雄伟的正阳门楼。在门前百余公尺的地方，拦路一座大牌楼，一座大石桥，为这第一个重点做了前卫。但这还只是一个序幕。过了此点，从正阳门楼到中华门，由中华门到天安门，一起一伏、一伏而又起，这中间千步廊（民国初年已拆除）御路的长度和天安门面前的宽度，是最大胆的空间的处理，衬托着建筑重点的安排。这个当时曾经为封建帝王据为己有的禁地，今天是多么恰当地回到人民手里，成为人民自己的广场！由天安门起，是一系列轻重不一的宫门和广庭，金色照耀的琉璃瓦顶，一层又一层的起伏峋峙，一直引导到太和殿顶，便到达中线前半的极点，然后向北，重点逐渐退削，以神武门为尾声。再往北，又“奇峰突起”地立着景山做了宫城背后的衬托。景山中峰上的亭子正在南北的中心点上。由此向北是一波又一波的远距离重点的呼应。由地安门，到鼓楼、钟楼，高大的建筑物都继续在中轴线上。但到了钟楼，中轴线便有计划地，也恰到好处地结束了。中线不再向北到达墙根，而将重点平稳地分配给左右分立的两个北面城楼——安定门和德胜门。有这样气魄的建筑总布局，以这样的规模来处理空间，世界上就没有第二个！

在中线的东西两侧为北京主要街道的骨干，东西单牌楼和东西四牌楼是四个热闹商市的中心。在城的四周，在宫城的四角上，在内外城的四角和各城门上，立着十几个环卫的突出点。这些城门上的门楼、箭楼及角楼又增强了全城三度空间的抑扬顿挫和起伏高下。因北海和中海、什刹海的湖沼岛屿所产生不规则布局，和因琼华岛塔和妙应寺白塔所产生的突出点，以及许多坛庙园林的错落，也都增强了规则的布局和不规则的变化的对比。在有了飞机的时代，由空中俯瞰，或仅由各个城楼上或景山顶上遥望，都可以看到北京杰出成就的优异。这是一份伟大的遗产，它是我们人民最宝贵的财产，还有人不感到吗？

北京的交通系统及街道系统

北京是华北平原通到蒙古高原、热河山地和东北的几条大路的分岔点，所以在历史上它一向是一个政治、军事重镇。

北京在元朝成为大都以后，因为运河的开凿，以取得东南的粮食，才增加了另一条东面的南北交通线。一直到今天，北京与南方联系的两条主要铁路干线都沿着这两条历史的旧路修筑；而京包、京热两线也正筑在我们祖先的足迹上。这是地理条件所决定。因此，北京便很自然地成了华北北部最重要的铁路衔接站。自从汽车运输发达以来，北京也成了一个公路网的中心。西苑、南苑两个飞机场已使北京对外的空运有了站驿。这许多市外的交通网同市区的街道是息息相关、互相衔接的，所以北京城是会每日增加它的现代效果和价值的。

今天所存在的城内的街道系统，用现代都市计划的原则来分析，是一个极其合理、完全适合现代化使用的系统。这是一个令人惊讶的事实，是任何一个中世纪城市所没有的。我们不得不又一次敬佩我们祖先伟大的智慧。

这个系统的主要特征在大街与小巷，无论在位置上或大小上，都有明确的分别；大街大致分布成几层合乎现代所采用的“环道”；由“环道”明确的有四向伸出的“辐道”。结果主要的车辆自然会汇集在大街上流通，不至于无故地去窜小胡同，胡同里的住宅得到了宁静，就是为此。

所谓几层的环道，最内环是紧绕宫城的东西长安街、南北池子、南北长街、景山前大街。第二环是王府井、府右街，南北两面仍是长安街和景山前大街。第三环以东西交民巷，东单、东四，经过铁狮子胡同、后门、北海后门、太平仓、西四、西单而完成。这样还可更向南延长，经宣武门、菜市口、珠市口、磁器口而入崇文门。近年来又逐步地开辟一个第四环，就是东城的南北小街、西城的南北沟沿、北面的北新桥大街，鼓楼东大街，以达新街口。但鼓楼与新街口之间因有什刹海的梗阻，要多少费点事。南面则尚未成环（也许可与东交民巷衔接）。这几环中，虽然有多少尚待展宽或未完全打通的段落，但极易完成。这是现代都市计划学家近年来才发现的新原则。欧美许多城市都在它们的弯曲杂乱或呆板单调的街道中努力计划开辟成环道，以适应控制大量汽车流通的迫切需要。我们的北京却可应用六百年前建立的规模，只须稍加展宽整理，便可成为最理想的街道系统。这的确是伟大的祖先留给我们的“余荫”。

有许多人不满北京的胡同，其实胡同的缺点不在其小，而在其泥泞和缺乏小型空场与树木。但它们都是安静的住宅区，有它的一定优良作用。在道路系统的分配上也是一种很优良的秩序。这些便是以后我们发展的良好基础，可以予以改进和提高。

北京城的土地使用——分区

我们不敢说我们的祖先计划北京城的时候，曾经计划到它的土地使用或分区。但我们若加以分析，就可看出它大体上是分了区的，而且在位置上大致都适应当时生活的要求和社会条件。

内城除紫禁城为皇宫外，皇城之内的地区是内府官员的住宅区。皇城以外，东西交民巷一带是各衙署所在的行政区(其中东交民巷在《辛丑条约》之后被划为“使馆区”)。而这些住宅的住户，有很多就是各衙署的官员。北城是贵族区，和供应他们的商店区，这区内王府特别多。东西四牌楼是东西城的两个主要市场；由它们附近街巷名称就可看出。如东四牌楼附近是猪市大街、小羊市、驴市(今改“礼士”)胡同等；西四牌楼则有马市大街、羊市大街、羊肉胡同、缸瓦市等。

至于外城，大体地说，正阳门大街以东是工业区和比较简陋的商业区，以西是最繁华的商业区。前门以东以商业命名的街道有鲜鱼口、瓜子店、果子市等；工业的则有打磨厂、梯子胡同等等。以西主要的是珠宝市、钱市胡同、大栅栏等，是主要商店所聚集，但也有粮食店、煤市街。崇文门外则有巾帽胡同、木厂胡同、花市、草市、磁器口等等，都表示着这一带的土地使用性质。宣武门外是京官住宅和各省府州县会馆区，会馆是各省入京应试的举人们的招待所，因此知识分子大量集中在这一带。应景而生的是他们的“文化街”，即供应读书人的琉璃厂的书铺集团，形成了一个“公共图书馆”；其中掺杂着许多古玩铺，又正是供给知识分子观摩的“公共文物馆”。其次要提到的就是文娱区：大多数的戏院都散布在前门外东西两侧的商业区中间。大众化的杂耍场集中在天桥。至于骚人雅士们则常到先农坛迤西洼地中的陶然亭吟风咏月，饮酒赋诗。

由上面的分析，我们可以看出，以往北京的土地使用，的确有分区的现象。但是除皇城及它迤南的行政区是多少有计划的之外，其他各区都是在发展中自然集中而划分的。这种分区情形，到民国初年还存在。

到现在，除去北城的贵族已不贵了，东交民巷又由“使馆区”收复为行政区而仍然兼是一个有许多已建立邦交的使馆或尚未建立邦交的使馆所在区，和西交民巷成了银行集中的商务区之外，大致没有大改变。近二三十年来的改变，则在外城建立了几处工厂。王府井大街因为东安市场之开辟，再加上供应东交民巷帝国主义外交官僚的消费，变成了繁盛的零售商店街，部分夺取了民国初年军阀时代前门外的繁荣。东西单牌楼之间则因长安街三座门之打通而繁荣起来，产生了沿街“洋式”店楼型制。全城的土地使用，比清末民初时期显然增加了杂乱错综的现象。幸而因为北京以往并不是一个工商业中心，体形环境方面尚未受到不可挽回的损害。

北京城是一个具有计划性的整体

北京是中国（可能是全世界）文物建筑最多的城。元、明、清历代的宫苑、坛庙、塔寺分布在全城，各有它的历史艺术意义，是不用说的。要再指出的是：因为北京是一个先有计划然后建造的城（当然，计划所实现的都曾经因各时代的需要屡次修正，而不断地发展的）。它所特具的优点主要就在它那具有计划性的城市的整体。那宏伟而庄严的布局，在处理空间和分配重点上创造出卓越的风格，同时也安排了合理而有秩序的街道系统，而不仅在它内部许多个别建筑物的丰富的历史意义与艺术的表现。所以我们首先必须认识到北京城部署骨干的卓越，北京建筑的整个体系是全世界保存得最完好，而且继续有传统的活力的，最特殊、最珍贵的艺术杰作。这是我们对北京城不可忽略的起码认识。

就大多数的文物建筑而论，也都不仅是单座的建筑物，而往往是若干座合组而成的整体，为极为宝贵的艺术创造，故宫就是最显著的一个例子。其他如坛庙、园苑、府第，无一不是整组的文物建筑，有它全体上的价值。我们爱护文物建筑，不仅应该爱护个别的一殿、一堂、一楼、一塔，而且必须爱护它的周围整体和邻近的环境。我们不能坐视，也不能忍受一座或一组壮丽的建筑物遭受到各种各式直接或间接的破坏，使它们委曲在不调和的周围里，受到不应有的宰割。过去因为帝国主义的侵略，和我们不同体系、不同格调的各型各式的所谓洋式楼房，所谓摩天高楼，模仿到家或不到家的欧美系统的建筑物，庞杂凌乱地大量渗到我们的许多城市中来，长久地劈头拦腰破坏了我们的建筑情调，渐渐地麻痹了我们对于环境的敏感，使我们习惯于不调和的体形或习惯于看着自己优美的建筑物被摒斥到委曲求全的夹缝中，而感到无可奈何。我们今后在建设中，这种错误是应该予以纠正了。代替这种蔓延野生的恶劣建筑，必须是有计划、有重点的发展，比如明年，在天安门的前面，广场的中央，将要出现一座庄严伟大的人民英雄纪念碑。几年以后，广场的外围将要建起整齐壮丽的建筑，将广场衬托起来。长安门（三座门）外将是绿荫平阔的林荫大道，一直通出城墙，使北京向东西城郊发展。那时的天安门广场将要更显得雄伟美丽了。总之，今后我们的建设，必须强调同环境配合，发展新的来保护旧的，这样才能保存优良伟大的基础，使北京城永远保持着美丽、健康和年轻。

北京城内城外无数的文物建筑，尤其是故宫、太庙（现在的劳动人民文化宫）、社稷坛（中山公园）、天坛、先农坛、孔庙、国子监、颐和园等等，都普遍地受到人们的赞美。但是一件极重要而珍贵的文物，竟然没有得到应有的注意，乃至被人忽视，那就是伟大的北京城墙。它的产生，它的变动，它的平面形成凸字形的沿革，充满了历史意义，是一个历史现象辨证地发展的卓越标本，已经在上文叙述过了。至于它的朴实雄厚的壁垒，宏丽嶙峋的城门楼、箭楼、角楼，也正是北京体形环境中不可分离的艺术构成部分，我们还需要首先特别提到。苏联人民称斯摩林斯克的城墙为苏联的颈链，我们北京的城墙，加上那些美丽的城楼，更应称为一串光彩耀目的中华人民的璎珞了。古史上有许多著名的台——古代封建主的某些殿宇是筑在高台上的，台和城墙有时不分——后来发展成为唐宋的阁与楼时，则是在城墙上含有纪念性的建筑物，大半可供人民登临。前者如春秋战国燕和赵的丛台，西汉的未央宫，汉末曹操和东晋石赵在邺城的先后两个铜雀台，后者如唐宋以来由文字流传后世的滕王阁、黄鹤楼、岳阳楼等。宋代的宫前门楼宣德楼的作用也还略像一个特殊的前殿，不只是一个仅具形式的城楼。北京嶙峙着许多壮观的城楼角楼，站在上面俯瞰城郊，远览风景，可以使人娱心悦目，舒畅胸襟。但在过去封建时代里，因人民不得登临，事实上是等于放弃了它的一个可贵的作用。今后我们必须好好利用它为广大人民服务。现在前门箭楼早已恰当地作为文娱之用。在北京市各界人民代表会议中，又有人建议用崇文门、宣武门两个城楼做陈列馆，以后不但各城楼都可以同样地利用，并且我们应该把城墙上面的全部面积整理出来，尽量使它发挥它所具有的特长。城墙上面面积宽敞，可以布置花池，栽种花草，安设公园椅，每隔若干距离的敌台上可建凉亭，供人游息。由城墙或城楼上俯视护城河，与郊外平原，远望西山远景或紫禁城宫殿，它将是世界上最特殊公园之一——一个全长达三九点七五公里的立体环城公园！

我们应该怎样保护这庞大的伟大的杰作

中国人民的首都正在面临着经济建设、文化建设——市政建设高潮的前夕。解放两年以来，北京已在以递加的速率改变，以适合不断发展的需要。今后一二十年之内，无数的新建筑将要接踵地兴建起来，街道系统将加以改善，千百条的大街小巷将要改观，各种不同性质的区域将要划分出来。北京城是必须现代化的；同时北京城原有的整体文物性特征和多数个别的文物建筑又是必须保存的。我们必须“古今兼顾，新旧两利”。我们对这许多错综复杂问题应如何处理是每一个热爱中国人民首都的人所关切的问题。

如同在许多其他的建设工作中一样，先进的苏联已为我们解答了这问题，立下了良好的榜样。在《苏联沦陷区解放后之重建》[①]一书中，苏联的建筑史家N. 沃罗宁[②]教授说：

“计划一个城市的建筑师必须顾到他所计划的地区生活的历史传统和建筑的传统。在他的设计中，必须保留合理的、有历史价值的一切和在房屋类型和都市计划中，过去的经验所形成的特征的一切；同时这城市或村庄必须成为自然环境中的一部分。……新计划的城市的建筑样式必须避免呆板硬性的规格化，因为它将掠夺城市的个性；它必须采用当地居民所珍贵的一切。

①今译作《苏联卫国战争被毁地区之重建》。

①又译作N. 窝罗宁。

“人民在便利、经济和美感方面的需要，他们在习俗与文化方面的需要，是重建计划中所必须遵守的第一条规则。”

沃罗宁教授在他的书中举了许多实例。其中一个被称为“俄罗斯的博物院”的诺夫哥罗德城，这个城的“历史性文物建筑比任何一个城都多”。

“它的重建是建筑院院士舒舍夫负责的。他的计划做了依照古代都市计划制度重建的准备——当然加上现代化的改善。……在最卓越的历史文物建筑周围的空地将布置成为花园，以便取得文物建筑的观景。若干组的文物建筑群将被保留为国宝；……

“关于这城……的新建筑样式，建筑师们很正确地拒绝了庸俗的‘市侩式’建筑，而采取了被称为‘地方性的拿破仑时代式’建筑，因为它是该城原有建筑中最典型的样式。

“……建筑学者们指出：在计划重建新的诺夫哥罗德的设计中，要给予历史性文物建筑以有利的位置，使得在远处近处都可以看见它们的原则的正确性。

“对于许多类似诺夫哥罗德的古俄罗斯城市之重建的这种研讨将要引导使问题得到最合理的解决，因为每一个意见都是对于以往的俄罗斯文物的热爱的表现。”

怎样建设“中国的博物院”的北京城，上面引录的原则是正确的。让我们向诺夫哥罗德看齐，向舒舍夫学习。

祖国的建筑传统与当前的建设问题[①]

两年多以前，解放了的中国人民就开始了全国性的建设工作。从那时到今天这短短的期间内，全国人民所建造的房屋面积比以往五千年历史中任何一个三年都多。土地改革后的农村中出现了数以百万计的新农舍；城市中出现了无数的工厂、学校、托儿所、医院、办公楼、工人住宅和市民住宅。通过这样庞大规模的工作，全国的建筑工人、建筑师和工程师都不断地提高了自己的政治觉悟，以最愉快的心情和高度的热情接受了全国人民交给他们的光荣任务——全心全意地进行一切和平建设，为美好的社会主义社会打下基础。

过去一世纪以来，我国沿海岸的大城市赤裸裸地反映了半殖民地的可耻的特性。上海是伦敦东头的缩影，青岛和大连的建筑完全反映日耳曼和日本的气氛。官僚地主丧失了民族自尊心，买办们崇拜外国商人在我们的土地上所蛮横地建

①本文由梁思成与林徽因合作完成，原载于1952年9月16日《新观察》第16期。

造的“洋楼”，大城市的建筑工人也被迫放弃了自己的传统和艺术，为所谓“洋式建筑”服务。我国原有的建筑不但被鄙视，并且大量地被毁灭，城市原有的完整性，艺术风格上的一致性，被强暴地破坏了。帝国主义的军事、经济、文化的侵略本质，在我们许多城市中的建筑上显著而具体地表现了出来。

建筑本来是有民族特性的，它是民族文化中最重要的表现之一；新中国的建筑必须建筑在民族优良传统的基础上，这已是今天中国大多数建筑师所承认的原则。凡是参加城市建筑设计的建筑师都负有三重艰巨任务：他们必须肃清许多城市中过去半殖民地的可耻的丑恶面貌，必须恢复我们建筑上的民族特性，发扬光大祖国高度艺术性的建筑体系，同时又必须吸收外国的，尤其是苏联的先进经验，以满足新民主主义的经济建设和文化建设中众多而繁复的需求，真正地表现毛泽东时代的新中国的精神。

在人类各民族的建筑大家庭中，中华民族的建筑是一个独特的体系。我们祖先采用了一个极其智慧的方法：在一个台基上用木材先树立构架以负荷上部的重量；墙壁只做分隔内外的作用而不必负重，因而门窗的大小和位置都能取得最大的自由，不受限制。这个建筑体系能够适应任何气候，适用于从亚热带到亚寒带的广大地区。这种构架法正符合现代的钢架或钢筋水泥构架的原则，如果中国建筑采用这类现代材料和技术，在大体上是毫不矛盾的。这也是保持中国风格的极有利条件。

我们古代的建筑匠师积累了世代使用木材的特别经验，创造了在柱头之上用层叠的挑梁，以承托上面横梁，使得屋顶部分出檐深远，瓦坡的轮廓优美。用层叠挑出的木材所构成的每一个组合称作“斗拱”。“斗拱”和它们所承托的庄严的屋顶，都是中国建筑上独有的特征，和欧洲教堂石骨发券结构一样，都是人类在建筑上所达到的高度艺术性的工程。我们古代的匠师还巧妙地利用保护木材的油漆，大胆地把不同的颜色组成美丽的彩画、图案；不但用在建筑内部，并且用在建筑外部檐下的梁枋上，取得外表上的优异的效果。在屋瓦上，我们也利用有色的琉璃瓦。这种用颜色的艺术是中国建筑体系的一个显著特征。在应用色调和装潢方面，中国匠师表现出极强的控制能力，在建筑上所取得的总效果都表现着适当的富丽而又趋向于简练。另外还有一个特点：在中国建筑中，每一个露在外面的结构部分同时也就是它的装饰部分；那就是说，每一件装饰品都是加工了的结构部分。中国建筑的装饰与结构是完全统一的。天安门就是这一切优点的卓越的典型范例。

在平面布置上，一所房屋是由若干座个别的厅堂廊庑和由它们围绕着而形成的庭院或若干庭院组合而成的。建筑物和它们所围绕而成的庭院是作为一个整体而设计的。在处理空间的艺术上也达到了最高度的成就。

中国的建筑体系至迟在公元前十五世纪已经形成，至迟到汉朝（公元前二〇六至公元二二〇年）就已经完全成熟。木结构的形式，包括梁柱、斗拱和屋顶，已经被“翻译”到石建筑上去了。中国建筑虽然也采用砖石建造一些重要的工程和纪念性的建筑物，但仍以木结构为主，继续发展它的特长，使它日臻完善，这样成功地赋予纯粹木构建筑以宏大的气魄，是世界各建筑体系中所没有的现象。

这种庄重堂皇的建筑物最卓越显著的范例莫如北京的宫殿，那是所有到过北京的人们所熟悉的。当然，还有各地的许多庙宇衙署也都具有相同的品质。它们都以厅堂、门楼、廊庑以及它们所围绕着的庭院构成一个有机的整体，雄伟壮丽，它们能给人以不易磨灭的印象。这种同样的结构和部署用作住宅时，无论是乡间的农舍或是城市中的宅第，也都可以使其简朴而适合于日常工作和生活的需要。

古代木结构中一些个别罕贵重要的文物是应当在这里提到的。山西省五台山佛光寺的正殿是一座公元八五七年建造的佛教建筑，至今仍然十分完整。河北省蓟县[①]的独乐寺中，立着中国第二古的木建筑。一座以两个正层和一个暗层构成的三层建筑也已经屹立了九百六十八年。这三层建筑是围绕着国内最大的一尊泥塑立像建造的。上两层的楼板当中都留

①蓟县，今属天津市市辖区。

出一个“井”，让立像高贯三楼，结构极为工巧。木结构另一个伟大的奇迹是察哈尔应县[1]佛宫寺的木塔，有五个正层和四个暗层，共九层，由刹尖到地面共高六十六公尺。这个极其大胆的结构表现了我国古代匠师在结构方面和艺术方面无可比拟的成就。再过四年，这座雄伟的建筑就满九百年的高龄了。从这几座千年左右的杰作中，我们不仅可以看到中国木构建筑的纪念性品质和工巧的结构，而且可以得出结论，这种木结构之所以能有这样的持久性，就是因为它的结构方法科学地合乎木材的性能。

年龄在七百年以上的木建筑，据建筑史家局部的初步调查，全国还有三十余处。进一步有系统的调查，必然还能找到更多的遗物。可惜这三十余处中已经很少完整的全组，而只是个别的殿堂。成组的如察哈尔大同[2]的善化寺（辽金时代）和山西太原的晋祠（北宋）都是极为罕贵的。北京故宫——包括太庙（文化宫）和社稷坛（中山公园）——全组的布局，虽然时代略晚，但规模之大，保存之完整，更是珍贵无比的。

在砖或石的建筑方面，古代的工程师和建筑师也发挥了高度的创造性。在陵墓建筑、防御工程、桥梁工程和水利工程上都有伟大的创造。

著名的万里长城起伏蜿蜒在二千三百余公里的山脊上，

①察哈尔，旧省名，1952年撤销。应县现归山西省管辖。
②察哈尔，旧省名，1952年撤销。大同现归山西省管辖。

北京的城墙和巍峨的城门楼是构成北京整体一个重要因素。它们不是没有生命的砖石堆，而是浑厚伟大的艺术杰作。在造桥方面，一千三百年前建造的河北省赵县的大石桥是用一个跨度约三七点五〇公尺的券做成的“空撞券桥”。像那样在主券上用小券的无比聪明的办法，直到一九一二年才初次被欧洲人采用；而在那样早的年代里，竟有一位名叫李春的匠人给我们留下这样一件伟大壮丽的工程，足以证明在那时候以前，我国智慧的劳动人民的造桥经验，已经是多么丰富了。

今日在全国的土地上最常见的砖石建筑是全国无数的佛塔，其中很多是艺术杰作。河南省嵩山嵩岳寺的砖塔是我国佛教建筑中最古的文物，建于公元五二〇年，也是国内现存最古的砖建筑。它只是简单地用砖砌成，只有极少的建筑装饰。只凭它十五层的叠涩檐和柔和的抛物线所形成的秀丽挺拔的轮廓，已足以使它成为最伟大的艺术品。在河北省易县的双塔上，十一世纪的建筑师却极其巧妙地用砖作表现了木构建筑的形式，外表与略早的佛宫寺木塔几乎完全一样。虽然如此，它们仍充分地表现了砖石结构浑厚的品质。

砖石建筑在华北和西北广泛地被采用着，它们都用筒形券的结构。当以砖石作为殿堂时，则按建筑物纪念性之轻重，适当地用砖石表现木结构的样式。许多所谓“无梁殿”的建筑，如山西太原永祚寺明末（一五九五年）的大雄宝殿都属于这一类。

检查我们过去的许多建筑物，我们注意到两种重要事实：一、无论是木结构或砖石结构，无论在各地方有多少不同的变化，中国建筑几千年来都保持着一致的、一贯的、明确的民族特性。二、我们古代的匠师善于在自己的传统的基础上适当地吸收外来的影响，丰富了自己，但从来没有因此而丧失了自己的民族特性。千余年来分布全国的佛教建筑和回教建筑最清晰地证明了这一点。但是自从帝国主义以武力侵略我国，文化上和平而自然的交流被蛮横的武力所代替以来，情形就不同了。沿海岸和长江上的一些“通商口岸”被侵略者用他们带来的建筑形式生硬地移植到原来的环境中，对于我国城市的环境风格加以傲慢的鄙视和粗暴的破坏。学校里训练出来新型的知识分子的建筑师竟全部放弃中国建筑的传统，由思想到技术完完全全地模仿欧美的建筑体系，不折不扣地接受了欧美建筑传统，把它硬搬到祖国来。过去一世纪的中国建筑史正是中国近代被侵略史的另一悲惨的版本！

从清朝末年到解放以前，有些建筑师只为少数地主、官僚、买办建造少数的公馆、洋行、公司，为没落的封建制度和半殖民地的政治经济服务。因为殖民地经济的可怜情况，建筑不但在结构和外表方面产生了许多丑恶类型，而且在材料方面，在平面的部署方面都堕落到最不幸的水平。建筑师们变成为帝国主义的经济、文化侵略服务。同时蔑视自己本国艺术遗产、优秀工匠和成熟而优越的技术传统。此后任何建筑作品都成了最不健康的殖民地文化的最明显的代表，反映着那时期的畸形的政治经济情况。到了解放的前夕，每一个爱国的建筑师越来越充满痛苦而感到彷徨。

祖国的解放为我们全国的建筑师带来了空前的大转变。我们不但忽然得到了设计成千上万的住宅、工厂、学校、医院、办公楼的机会，我们不但在一两年中所设计的房屋面积就可能超过过去半生所设计的房屋面积的总和乃至若干倍，最主要的是我们知道我们的服务对象不是别人，而是劳动人民。我们是为祖国的和平的社会主义事业而建设，也是为世界的和平建设的一部分而努力。我们集体工作的成果将是这新时代的和平民主精神的表现。我们的工作充满了重要意义，在今天，任何建筑师，无论在经济建设或文化建设中，都是最活跃的一员。我们为这光荣的任务感到兴奋和骄傲。但是我们也因此而感到还应当以更严肃的态度担负起这沉重的责任。

这许多重大的意义，建筑师们不是一下子就认识到的。由于过去的习惯，起初我们只见到因为建造的量的增加使我们得以“一显身手”的许多机会；但很快地一个严重的问题使我们思索了。这么大量的建造之出现将要改变祖国千百个城市的面貌。我们应该用什么材料、什么结构、什么形式来处理呢？这是需要认真地思虑的，是必须有正确领导的，是不能任其自流和盲目发展的。好在在这里，共同纲领的文化教育政策已给了我们一个行动指南。这就是毛主席所提出的新民主主义的文化教育政策。

遵照毛主席在《新民主主义论》中对于新文化的英明正确的分析，中国的新文化是民族的。它是反对帝国主义压迫，主张中华民族的尊严和独立的。它是我们这个民族的，带有我们的民族特性。因此新中国的建筑当然也“应有自己的形式，这就是民族形式。民族的形式，新民主主义的内容”。

中国的新建筑必须是“科学的。……主张实事求是，主张客观真理，主张理论与实践一致的”，“……是从古代的旧文化发展而来”的。新中国的建筑师“必须尊重自己的历史，决不能割断历史。尊重历史的辩证法的发展，而不是颂古非今……不是要引导他们（人民群众）向后看，而是要引导他们向前看”。

这个新建筑“是大众的，因而即是民主的，它应为全民族中百分之九十以上的工农劳苦民众服务。……把提高和普及互相区别又互相联结起来。……”

有了这样明确而英明的指示，建筑师们就应当认清方向，满怀信心，大踏步向前迈进。我们必须毫不犹疑地、无所留恋地扬弃那些资本主义的、割断历史的世界主义的各种流派建筑和各流派的反动理论；必须彻底批判“对世界文化遗产的虚无主义态度以及忽视民族艺术遗产的态度”（苏联建筑科学院院长莫尔德维诺夫语）。不可否认的，目前首先亟待解决的是广大劳动人民工作和居住所大量需要的房屋的问题；目前所要达到的量是要超过于质的。但是我们相信，普及会与提高“互相联结起来”的。毛主席告诉我们：“随同经济建设高潮的到来，不可避免地将要出现一个文化建设的高潮。”新中国的建筑师们正在为伟大的和平建设努力。我们目前正在为大规模的经济建设贡献出一切力量，但同时也必须准备迎接文化建设的高潮。新的设计必须努力提高水平。研究、理解、爱好过去的本国建筑的热情必须培养起来。在中央文化部的领导下，整理艺术遗产的工作已在每日加强。在中央教育部的领导下，在培养下一代的建筑师的教学方针上，已采用了苏联的先进教学计划，在创造中注重民族传统已是一个首要的重点。

全国人民有理由向建筑师们要求，也有理由相信，在很短的期间内，在全国的一切建筑设计中，新中国的建筑必然要获得巨大的成就，建筑师们的设计标准必然会显著地提高，因为我们会再度找到自己的传统的艺术特征，用最新的技术和材料，发展出光辉的、“为中国人民所喜爱”的、不愧为毛泽东时代的中国的新建筑。那就是新民主主义的，亦即我们“民族的、大众的”建筑。

中山堂[1]

我们的首都是这样多方面的伟大和可爱，每次我们都可以从不同的事物来介绍和说明它，来了解和认识它。我们的首都是一个最富于文化建筑的名城；从文物建筑来介绍它，可以更深刻地感到它的伟大与罕贵。下面这个镜头就是我要在这里首先介绍的一个对象。

它是中山公园内的中山堂。你可能已在这里开过会，或因游览中山公园而认识了它；你也可能是没有来过首都而希望来的人，愿意对北京有个初步的了解。让我来介绍一下吧，这是一个愉快的任务。

这个殿堂的确不是一个寻常的建筑物；就是在这个满是文物建筑的北京城里，它也是极其罕贵的一个。因为它是这个古老的城中最老的一座木构大殿，它的年龄已有五百三十岁了。它是十五世纪二十年代的建筑，是明朝永乐由南京重

①本文原载于1952年《新观察》第1期。

回北京建都时所造的许多建筑物之一，也是明初工艺最旺盛的时代里，我们可尊敬的无名工匠们所创造的、保存到今天的一个实物。

这个殿堂过去不是帝王的宫殿，也不是佛寺的经堂；它是为执行中国最原始宗教中祭祀仪节而设的坛庙中的“享殿”。中山公园过去是“社稷坛”，就是祭土地和五谷之神的地方。凡是坛庙都用柏树林围绕，所以环境优美，成为现代公园的极好基础。社稷坛全部包括中央一广场，场内一方坛，场四面有短墙和棂星门；短墙之外，三面为神道，北面为享殿和寝殿；它们的外围又有红围墙和美丽的券洞门。正南有井亭，外围古柏参天。

中山堂的外表是个典型的大殿。白石镶嵌的台基和三道石阶，朱漆合抱的并列立柱，精致的门窗，青绿彩画的阑额，由于综错木材所组成的“斗拱”和檐椽等所造成的建筑装饰，加上黄琉璃瓦巍然耸起，微曲的坡顶，都可说是典型的，但也正是完整而美好的结构。它比例的稳重，尺度的恰当，也恰如它的作用和它的环境所需要的。它的内部不用天花顶棚，而将梁架斗拱结构全部外露，即所谓“露明造”的格式。我们仰头望去，就可以看见每一块结构的构材处理得有如装饰画那样美丽，同时又组成了巧妙的图案。当然，传统的青绿彩绘也更使它灿烂而华贵。但是明初遗物的特征是木材的优良（每柱必是整料，且以楠木为主）和匠工砍削榫卯的准确，这些都不是在外表上显著之点，而是属于它内在的品质的。

中国劳动人民所创造的这样一座优美的、雄伟的建筑物，过去只供封建帝王愚民之用，现在回到了人民的手里，它的效能，充分地被人民使用了。一九四九年八月，北京市第一届人民代表会议，就是在这里召开的。两年多来，这里开过各种会议百余次。这大殿是多么恰当地用作各种工作会议和报告的大礼堂！而更巧的是同社稷坛遥遥相对的太庙，也已用作首都劳动人民的文化宫了。

故宫三大殿[①]

北京城里的故宫中间，巍然崛起的三座大宫殿是整个故宫的重点，“紫禁城”内建筑的核心。以整个故宫来说，那样庄严宏伟的气魄；那样富于组织性，又富于图画美的体形风格；那样处理空间的艺术；那样的工程技术、外表轮廓，和平面布局之间的统一的整体，无可否认的，它是全世界建筑艺术的绝品，它是一组伟大的建筑杰作，它也是人类劳动创造史中放出异彩的奇迹之一。我们有充足的理由，为我们这“世界第一”而骄傲。

三大殿的前面有两段作为序幕的布局，是值得注意的。第一段，由天安门，经端门到午门，两旁长列的“千步廊”是个严肃的开端。第二段在午门与太和门之间的小广场，更是一个美丽的前奏。这里一道弧形的金水河，和河上五道白石桥，在黄瓦红墙的气氛中，北望太和门的雄劲，这个环境

①本文原载于1952年《新观察》第3期。

适当地给三殿做了心理准备。

太和、中和、保和三座殿是前后排列着同立在一个庞大而崇高的工字形白石殿基上面的。这种台基过去称“殿陛”，共高二丈，分三层，每层有刻石栏杆围绕，台上列铜鼎等。台前石阶三列，左右各一列，路上都有雕镂隐起的龙凤花纹。这样大尺度的一组建筑物，是用更宏大尺度的庭院围绕起来的。广庭气魄之大是无法形容的。庭院四周有廊屋，太和与保和两殿的左右还有对称的楼阁和翼门，四角有小角楼。这样的布局是我国特有的传统，常见于美丽的唐宋壁画中。

三殿中，太和殿最大，也是全国最大的一个木构大殿。横阔十一间，进深五间，外有廊柱一列，全个殿内外立着八十四根大柱。殿顶是重檐的“庑殿式”瓦顶，全部用黄色的琉璃瓦，光泽灿烂，同蓝色天空相辉映。底下彩画的横额和斗拱，朱漆柱，金琐窗，同白石阶基也做了强烈的对比。这个殿建于康熙三十六年(一六九七年)，已有二百五十五岁，而结构整严完好如初。内部渗金盘龙柱和上部梁枋藻井上的彩画虽稍剥落，但仍然华美动人。

中和殿在工字基台的中心，平面为正方形，宋元工字殿当中的“柱廊”竟蜕变而成了今天的亭子形的方殿。屋顶是单檐“攒尖顶”，上端用渗金圆顶为结束。此殿是清初顺治三年的原物，比太和殿又早五十余年。

保和殿立在工字形殿基的北端，东西阔九间，每间尺度又都小于太和殿，上面是“歇山式”殿顶，它是明万历的“建极殿”原物，未经破坏或重建的。至今上面童柱上还留有“建极殿”标识。它是三殿中年寿最老的，已有三百三十七年的历史。

三大殿中的两殿，一前一后，中间夹着略为低小的单位所造成的格局，是它美妙的特点。要用文字形容三殿是不可能的，而同时因环境之大，摄影镜头很难把握这三殿全部的雄姿。深刻的印象，必须亲自进到那动人的环境中，才能体会得到。

北海公园[①]

在二百多万人口的城市中，尤其是在布局谨严，街道引直，建筑物主要都左右对称的北京城市，会有像北海这样一处水阔天空、风景如画的环境，据在城市的心脏地带，实在令人料想不到，使人惊喜。初次走过横亘在北海和中海之间的金鳌玉蝀桥的时候，望见隔水的景物，真像一幅画面，给人的印象尤为深刻。耸立在水心的琼华岛，山巅白塔，林间楼台，受晨光或夕阳的渲染，景象非凡特殊，湖岸石桥上的游人或水面小船，处处也都像在画中。池沼园林是近代城市的肺腑，借以调节气候，美化环境，休息精神；北海风景区对全市人民的健康所起的作用是无法衡量的。北海在艺术和历史方面的价值都是很突出的，但更可贵的还是在它今天回到了人民手里，成为人民的公园。

我们重视北海的历史，因为它也就是北京城历史重要的

①本文原载于1952年《新观察》第4期。

一段。它是今天的北京城的发源地。远在辽代(十一世纪初),琼华岛的地址就是一个著名的台,传说是“萧太后台”;到了金朝(十二世纪中),统治者在这里奢侈地为自己建造郊外离宫:凿大池,改台为岛,移北宋名石筑山,山巅建美丽的大殿。元忽必烈攻破中都,曾住在这里。元建都时,废中都旧城,选择了这离宫地址作为他的新城,大都皇宫的核心,称北海和中海为太液池。元的三个宫分立在两岸,水中前有“瀛洲圆殿”,就是今天的团城,北面有桥通“万岁山”,就是今天的琼华岛。岛立太液池中,气势雄壮,山巅广寒殿居高临下,可以远望西山,俯瞰全城,是忽必烈的主要宫殿,也是全城最突出的重点。明毁元三宫,建造今天的故宫以后,北海和中海的地位便不同了,也不那样重要了。统治者把两海改为游宴的庭园,称作“内苑”。广寒殿废而不用,明万历时坍塌。清初开辟南海,增修许多庭园建筑,北海北岸和东岸都有个别幽静的单位。北海面貌最显著的改变是在一六五一年,琼华岛广寒殿旧址上,建造了今天所见的西藏式白塔。岛正南半山殿堂也改为佛寺,由石阶直升上去,遥对团城。这个景象到今天已保持整整三百年了。

北海布局的艺术手法是继承宫苑创造幻想仙境的传统,所以它以琼华岛仙山楼阁的姿态为主:上面是台殿亭馆;中间有岩洞石室;北面游廊环抱,廊外有白石栏楯,长达三百公尺;中间漪澜堂,上起轩楼为远帆楼,和北岸的五龙亭隔水遥望，互见缥缈，是本着想象的仙山景物而安排的。湖心本植莲花，其间有画舫来去。北岸佛寺之外，还作小西天，又受有佛教画的影响。其他如桥亭堤岸，多少是模拟山水画意。北海的布局是有着丰富的艺术传统的。它的曲折有趣、多变化的景物，也就是它最得游人喜爱的因素。同时更因为它的水面宏阔，林岸较深，尺度大，气魄大，最适合于现代青年假期中的一切活动：划船、滑水、登高远眺，北海都有最好的条件。

天坛[1]

天坛在北京外城正中线的东边，占地差不多四千亩，围绕着有两重红色围墙。墙内茂密参天的老柏树，远望是一片苍郁的绿荫。由这树林中高高耸出深蓝色伞形的琉璃瓦顶，它是三重檐子的圆形大殿的上部，尖端上闪耀着涂金宝顶。这是祖国一个特殊的建筑物，世界闻名的天坛祈年殿。由南方到北京来的火车，进入北京城后，车上的人都可以从车窗中见到这个景物。它是许多人对北京文物建筑最先的一个印象。

天坛是过去封建主每年祭天和祈祷丰年的地方，封建的愚民政策和迷信的产物；但它也是过去辛勤的劳动人民用血汗和智慧所创造出来的一种特殊美丽的建筑类型，今天有着无比的艺术和历史价值。

天坛的全部建筑分成简单的两组，安置在平舒开朗的环

①本文原载于1952年《新观察》第5期。

境中，外周用深深的树林围护着。南面一组主要是祭天的大坛，称作“圜丘”，和一座不大的圆殿，称“皇穹宇”。北面一组就是祈年殿和它的后殿——皇乾殿、东西配殿和前面的祈年门。这两组相距约六百公尺，有一条白石大道相连。两组之外，重要的附属建筑只有向东的“斋宫”一处。外面两周的围墙，在平面上南边一半是方的，北边一半是半圆形的。这是根据古代“天圆地方”的说法而建筑的。

圜丘是祭天的大坛，平面正圆，全部白石砌成；分三层，高约一丈六尺；最上一层直径九丈，中层十五丈，底层二十一丈。每层有石栏杆绕着，三层栏板共合成三百六十块，象征“周天三百六十度”。各层四面都有九步台阶。这座坛全部尺寸和数目都用一、三、五、七、九的“天数”或它们的倍数，是最典型的封建迷信结合的要求。但在这种苛刻条件下，智慧的劳动人民却在造形方面创造出一个艺术杰作。这座洁白如雪、重叠三层的圆坛，周围环绕着玲珑像花边般的石刻栏杆，形体是这样的美丽，它永远是个可珍贵的建筑物，点缀在祖国的地面上。

圜丘北面棂星门外是皇穹宇。这座单檐的小圆殿的作用是存放神位木牌（祭天时“请”到圜丘上面受祭，祭完送回）。最特殊的是它外面周绕的围墙，平面作成圆形，只在南面开门。墙面是精美的磨砖对缝，所以靠墙内任何一点，向墙上低声细语，他人把耳朵靠近其他任何一点，都可以清晰听到。

人们都喜欢在这里做这种“声学游戏”。

祈年殿是祈谷的地方，是个圆形大殿，三重蓝色琉璃瓦檐，最上一层上安金顶。殿的建筑用内外两周的柱，每周十二根，里面更立四根“龙井柱”。圆周十二间都安格扇门，没有墙壁，庄严中呈显玲珑。这殿立在三层圆坛上，坛的样式略似圜丘而稍大。

天坛部署的规模是明嘉靖年间制定的。现存建筑中，圜丘和皇穹宇是清乾隆八年（一七四三年）所建。祈年殿在清光绪十五年雷火焚毁后，又在第二年（一八九〇年）重建。祈年门和皇乾殿是明嘉靖二十四年（一五四五年）原物。现在祈年门梁下的明代彩画是罕有的历史遗物。

颐和园[①]

在中国历史中，城市近郊风景特别好的地方，封建主和贵族豪门等总要独霸或强占，然后再加以人工的经营来做他们的“禁苑”或私园。这些著名的御苑、离宫、名园，都是和劳动人民的血汗和智慧分不开的。他们凿了池或筑了山，建造了亭台楼阁，栽植了树木花草，布置了回廊曲径、桥梁水榭，在许许多多巧妙的经营与加工中，才把那些离宫或名园提到了高度艺术的境地。现在，这些可宝贵的祖国文化遗产，都已回到人民手里了。

北京西郊的颐和园，在著名的圆明园被帝国主义侵略军队毁了以后，是中国四千年封建历史里保存到今天的最后的一个大“御苑”。颐和园周围十三华里，园内有山有湖。倚山临湖的建筑单位大小数百，最有名的长廊，东西就长达一千几百尺，共计二百七十三间。

---

①本文原载于1952年《新观察》第6期。

颐和园的湖、山基础，是经过金、元、明三朝所建设的。清朝规模最大的修建开始于乾隆十五年（一七五〇年），当时本名清漪园，山名万寿，湖名昆明。一八六〇年，清漪园和圆明园同遭英法联军毒辣的破坏。前山和西部大半被毁，只有山巅琉璃砖造的建筑和“铜亭”得免。

前山湖岸全部是光绪十四年（一八八八年）所重建。那时西太后那拉氏专政，为自己做寿，竟挪用了海军造船费来修建，改名颐和园。

颐和园规模宏大，布置错杂，我们可以分成后山、前山、东宫门、南湖和西堤等四大部分来了解它。

第一部后山，是清漪园所遗留下的艺术面貌，精华在万寿山的北坡和坡下的苏州河。东自“赤城霞起”关口起，山势起伏，石路回转，一路在半山经“景福阁”到“智慧海”，再向西到“画中游”。一路沿山下河岸，处处苍松深郁或桃树错落，是初春清明前后游园最好的地方。山下小河（或称后湖）曲折，忽狭忽阔：沿岸模仿江南风景，故称“苏州街”，河也名“苏州河”。正中北宫门入园后，有大石桥跨苏州河上，向南上坡是“后大庙”旧址，今称“须弥灵境”。这些地方，今天虽已剥落荒凉，但环境幽静，仍是颐和园最可爱的一部。东边“谐趣园”是仿无锡惠山园的风格，当中荷花池，四周有水殿曲廊，极为别致。西面通到前湖的小苏州河，岸上东有“买卖街”（现已不存），俨如江南小镇。更西的长堤垂柳和六桥是仿杭州西湖六桥建设的。这些都是模仿江南山水的一个系统的造园手法。

第二部前山湖岸上的布局，主要是排云殿、长廊和石舫。排云殿在南北中轴线上。这一组由临湖一座牌坊起，上到排云殿，再上到佛香阁；倚山建筑，巍然耸起，是前山的重点。佛香阁是八角钻尖顶的多层建筑物，立在高台上，是全山最高的突出点。这一组建筑的左右还有“转轮藏”和“五芳阁”等宗教建筑物。附属于前山部分的还有米山上几处别馆，如“景福阁”“画中游”等。沿湖的长廊和中线成丁字形；西边长廊尽头处，湖岸转北到小苏州河，傍岸处就是著名的“石舫”，名清宴舫。前山着重侈大、堂皇富丽，和清漪园时代重视江南山水的曲折大不相同；前山的安排，是“仙山蓬岛”的格式，略如北海琼华岛，建筑物倚山层层上去，成一中轴线，以高耸的建筑物为结束。湖岸有石栏和游廊。对面湖心有远岛，以桥相通，也如北海团城。只是岛和岸的距离甚大，通到岛上的十七孔和桥，不在中线，而由东堤伸出，成为远景。

第三部是东宫门入口后的三大组主要建筑物：一是向东的仁寿殿，它是理事的大殿；二是仁寿殿北边的德和园，内中有正殿、两廊和大戏台；三是乐寿堂，在德和园之西。这是那拉氏居住的地方。堂前向南临水有石台石阶，可以由此上下船。这些建筑拥挤繁复，像城内府第，堵塞了入口，向后山和湖岸的合理路线被建筑物阻挡割裂。今天游园的人，多不知有后山，进仁寿殿或德和园之后，更有迷惑在院落中的感觉，直到出了荣寿堂西门，到了长廊，才豁然开朗，见到前面湖山。这一部分的建筑物为全园布局上的最大弱点。

第四部是南湖洲岛和西堤。岛有五处，最大的是月波楼一组，或称龙王庙，有长桥通东堤。其他小岛非船不能达。西堤由北而南成一弧线，分数段，上有六座桥。这些都是湖中的点缀，为北岸的远景。

鼓楼、钟楼和什刹海[1]

北京城在整体布局上，一切都以城中央一条南北中轴线为依据。这条中轴线以永定门为南端起点，经过正阳门、天安门、午门、前三殿、后三殿、神武门、景山、地安门一系列的建筑重点，最北就结束在鼓楼和钟楼那里。北京的钟楼和鼓楼不是东西相对，而是在南北线上，一前、一后的两座高耸的建筑物。北面城墙正中不开城门，所以这条长达八公里的南北中线的北端就终止在钟楼之前。这个伟大气魄的中轴直穿城心的布局是我们祖先杰出的创造。鼓楼面向着广阔的地安门大街，地安门是它南面的“对景”，钟楼峙立在它的北面，这样三座建筑便合成一组庄严的单位，适当地作为这条中轴线的结束。

鼓楼是一座很大的建筑物，第一层雄厚的砖台，开着三个发券的门洞。上面横列五间重檐的木构殿楼，整体轮廓强

①本文原载于1952年《新观察》第9期。

调了横亘的体形。钟楼在鼓楼后面不远，是座直立耸起、全部砖石造成的建筑物；下层高耸的台，每面只有一个发券门洞。台上钟亭也是每面一个发券的门。全部使人有浑雄坚实的矗立的印象。钟、鼓两楼在对比中，一横一直，形成了和谐美妙的组合。明朝初年智慧的建筑工人，和当时的“打图样”的师父们就这样朴实、大胆地创造了自己市心的立体标志，充满了中华民族特征的不平凡的风格。

钟、鼓楼西面俯瞰什刹海和后海。这两个“海”是和北京历史分不开的。它们和北海、中海、南海是一个系统的五个湖沼。十二世纪中建造“大都”的时候，北海和中海被划入宫苑（那时还没有南海），什刹海和后海留在市区内。当时有一条水道由什刹海经现在的北河沿、南河沿、六国饭店出城通到通州，衔接到运河。江南运到的粮食便在什刹海卸货，那里船帆桅杆十分热闹，它的重要性正相当于我们今天的前门车站。到了明朝，水源发生问题，水运只到东郊，什刹海才丧失了作为交通终点的身份。尤其难得的是它外面始终没有围墙把它同城区阻隔，正合乎近代最理想的市区公园的布局。

海的四周本有十座佛寺，因而得到“什刹”的名称。这十座寺早已荒废。清朝末年，这里周围是茶楼、酒馆和杂耍场子等。但湖水逐渐淤塞，虽然夏季里香荷一片，而水质污秽、蚊虫滋生已威胁到人民的健康。解放后人民自己的政府首先疏浚全城水道系统，将什刹海掏深，砌了石岸，使它成为一片清澈的活水，又将西侧小湖改为可容四千人的游泳池。两年来那里已成劳动人民夏天中最喜爱的地点。垂柳倒影，隔岸可遥望钟楼和鼓楼，它已真正地成为首都的风景区。并且这个风景区还正在不断地建设中。

在全市来说，由地安门到钟、鼓楼和什刹海是城北最好的风景区的基础。现在鼓楼上面已是人民的第一文化馆，小海已是游泳池，又紧接北海。这一个美好环境，由钟、鼓楼上远眺更为动人。不但如此，首都的风景区是以湖沼为重点的，水道的连接将成为必要。什刹海若予以发展，将来可能以金水河把它同颐和园的昆明湖结连起来。那样，人们将可以在假日里从什刹海坐着小船经由美丽的西郊，直达颐和园了。

雍和宫[1]

北京城内东北角的雍和宫，是二百十几年来北京最大的一座喇嘛寺院。喇嘛教是蒙古族所崇奉的宗教，但这所寺院因为建筑的宏丽和佛像雕刻等的壮观，一向都非常著名，所以浏览首都的人们，时常来到这里参观。这一组庄严的大建筑群，是过去中国建筑工人以自己传统的建筑结构技术来适应喇嘛教的需要所创造的一种宗教性的建筑类型，就如同中国工人曾以本国的传统方法和民族特征解决过回教的清真寺，或基督教的礼拜堂的需要一样。这寺院的全部是一种符合特殊实际要求的艺术创造，在首都的文物建筑中间，它是不容忽视的一组建筑遗产。

雍和宫曾经是胤禛（清雍正）在位时的府第。在一七三四年改建为喇嘛寺。

雍和宫的大布局，紧凑而有秩序，全部由南北一条中轴

①本文原载于1952年《新观察》第10期。

线贯穿着。由最南头的石牌坊起到“琉璃花门”是一条“御道”——也像一个小广场。两旁十几排向南并列的僧房就是喇嘛们的宿舍。由琉璃花门到雍和门是一个前院，这个前院有古槐的幽荫，南部左右两角立着钟楼和鼓楼，北部左右有两座八角的重檐亭子，更北的正中就是雍和门；雍和门规模很大，才经过修缮油饰。由此北进共有三个大庭院，五座主要大殿阁。第一院正中的主要大殿称作雍和宫，它的前面中线上有碑亭一座和一个雕刻精美的铜香炉，两边配殿围绕到它后面一殿的两旁，规模极为宏壮。

全寺最值得注意的建筑物是第二院中的法轮殿，其次便是它后面的万佛楼。它们的格式都是很特殊的。法轮殿主体是七间大殿，但它的前后又各出五间“抱厦”，使平面成十字形。殿的瓦顶上面突出五个小阁，一个在正脊中间，两个在前坡的左右，两个在后坡的左右。每个小阁的瓦脊中间又立着一座喇嘛塔。由于宗教上的要求，五塔寺金刚宝座塔的型式很巧妙地这样组织到纯粹中国式的殿堂上面，成了中国建筑中一个特殊例子。

万佛楼在法轮殿后面，是两层重檐的大阁。阁内部中间有一尊五丈多高的弥勒佛大像，穿过三层楼井，佛像头部在最上一层的屋顶底下。据说这个像的全部是由一整块檀香木雕成的。更特殊的是万佛楼的左右另有两座两层的阁，从这两阁的上层用斜廊——所谓飞桥——和大阁相联系。这是敦煌唐朝画中所常见的格式，今天还有这样一座存留着，是很难得的。

雍和宫最北部的绥成殿是七间，左右楼也各是七间，都是两层的楼阁，在我们的最近建设中，我们极需要参考本国传统的楼屋风格，从这一组两层建筑物中，是可以得到许多启示的。

故宫[1]

北京的故宫现在是首都的故宫博物院。故宫建筑的本身就是这博物院中最重要的历史文物。它综合形体上的壮丽、工程上的完美和布局上的庄严秩序，成为世界上一组最优异、最辉煌的建筑纪念物。它是我们祖国多少年来劳动人民智慧和勤劳的结晶，它有无比的历史和艺术价值。全宫由“前朝”和“内廷”两大部分组成；四周有城墙围绕，墙下是一周护城河，城四角有角楼，四面各有一门：正南是午门，门楼壮丽称五凤楼；正北称神武门；东西两门称东华门、西华门，全组统称“紫禁城”。隔河遥望红墙、黄瓦、宫阙、角楼的任何一角都是宏伟秀丽，气象万千。

前朝正中的三大殿是宫中前部的重点，阶陛三层，结构崇伟，为建筑造型的杰作。东侧是文华殿，西侧是武英殿，这两组与太和门东西并列，左右衬托，构成三殿前部的格局。

内廷是封建皇帝和他的家族居住和办公的部分。因为是

①本文原载于1952年《新观察》第11期。

所谓皇帝起居的地方，所以借重了许多严格部署的格局和外表形式上的处理来强调这独夫的“至高无上”。因此内廷的布局仍是采用左右对称的格式，并且在部署上象征天上星宿等等。例如内廷中间乾清、坤宁两宫就是象征天地，中间过殿名交泰，就取“天地交泰”之义。乾清宫前面的东西两门名日精、月华，象征日月。后面御花园中最北一座大殿——钦安殿，内中还供奉着“玄天上帝”的牌位。故宫博物院称这部分作“中路”，它也就是前王殿中轴线的延续，也是全城中轴的一段。

“中路”两旁两条长夹道的东西，各列六个宫，每三个为一路，中间有南北夹道。这十二个宫象征十二星辰。它们后部每面有五个并列的院落，称东五所、西五所，也象征众星拱辰之义。十二宫是内宫眷属“妃嫔”“皇子”等的住所和中间的“后三殿”就是紫禁城后半部的核心。现在博物院称东西六宫等为“东殿”和“西殿”，按日轮流开放，西六宫曾经改建，储秀和翊坤两宫之间增建一殿，成了一组。长春和太极之间也添建一殿，成为一组，格局稍变。东六宫中的延禧，曾参酌西式改建“水晶宫”而未成。

三路之外的建筑是比较不规则的。主要的有两种：一种是在中轴两侧，东西两路的南头，十二宫前面的重要宫殿。西边是养心殿一组，它正在“外朝”和“内廷”之间偏东的位置上，是封建主实际上日常起居的地方。中轴东边与它约略对称的是斋宫和奉先殿。这两组与乾清宫的关系就相等于文华、武英两殿与太和殿的关系。另一类是核心外围规模较十二宫更大的宫。这些宫是建筑给封建主的母后居住的。每组都有前殿、后寝、周围廊子、配殿、宫门等。西边有慈宁、寿康、寿安等宫。其中夹着一组佛教庙宇雨花阁，规模极大。总称为“外西路”。东边的“外东路”只有直串南北、范围巨大的宁寿宫一组。它本是玄烨（康熙）的母亲所居，后来弘历（乾隆）将政权交给儿子，自己退老住在这里，曾增建了许多繁缛巧丽的亭园建筑，所以称为“乾隆花园”。它是故宫后部核心以外最特殊也最奢侈的一个建筑组群，且是清代日趋烦琐的宫廷趣味的代表作。

故宫后部虽然“千门万户”，建筑密集，但它们仍是有秩序的布局。中轴之外，东西两侧的建筑物也是以几条南北轴线为依据的。各轴线组成的建筑群以外的街道形成了细长的南北夹道。主要的东一长街和西一长街的南头就是通到外朝的“左内门”和“右内门”，它们是内廷和前朝联系的主要交通线。

除去这些“宫”与“殿”之外，紫禁城内还有许多服务单位，如上驷院、御膳房和各种库房及值班守卫之处。但威名煊赫的“南书房”和“军机处”等宰相大臣办公的地方，实际上只是乾清门旁边几间廊庑房舍。军机处还不如上驷院里一排马厩！封建帝王残酷地驱役劳动人民为他建造宫殿，养尊处优，享乐排场无所不至，而即使是对待他的军机大臣也仍如奴隶。这类事实可由故宫的建筑和布局反映出来。紫禁城全部建筑也就是最丰富的历史材料。

闲谈关于古代建筑的一点消息[①]

在这整个民族和他的文化，均在挣扎着他们垂危的运命的时候，凭你有多少关于古代艺术的消息，你只感到说不出口的难受！艺术是未曾脱离过一个活泼的民族而存在的；一个民族衰败湮灭，他们的艺术也就跟着消沉僵死。知道一个民族在过去的时代里，曾有过丰富的成绩，并不保证他们现在仍然在活跃繁荣的。

但是反过来说，如果我们到了连祖宗传留下来的家产都没有能力清理或保护，乃至于让家里的至宝毁坏散失，或竟拿到旧货摊上变卖，这现象却又恰恰证明我们这做子孙的没出息，智力德行已经到了不能堕落的田地。睁着眼睛向旧有的文艺喝一声："去你的，咱们维新了，革命了，用不着再留丝毫旧有的任何知识或技艺了。"这话不但不通，简直是近乎无赖！

①本文原载于1933年10月7日《大公报·文艺副刊》第5期。

话是不能说到太远，题目里已明显地提过有关古建筑的消息在这里，不幸我们的国家多故，天天都是迫切的危难临头，骤听到艺术方面的消息似乎觉得有点不识时宜，但是，相信我——上边已说了许多——这也是我们当然会关心的一点事，如果我们这民族还没有堕落到不认得祖传宝贝的田地。

这消息简单地说来，就是新近几个死心眼的建筑师，放弃了他们盖洋房的好机会，卷了铺盖到各处测绘几百年前他们同行中的先进，用他们当时的一切聪明技艺，所盖惊人的伟大建筑物，在我投稿时候正在山西应县辽代的八角五层木塔前边。

山西应县的辽代木塔，说来容易，听来似乎也平淡无奇，值不得心多跳一下，眼睛睁大一分。但是一〇五六到现在，算起来是整整的八百七十七年。古代完全木构的建筑物高到二百八十五尺[①]，在中国也就剩这一座独一无二的应县佛宫寺塔了。比这塔更早的木构专家已经看到，加以认识和研究的，在国内的只不过五处而已。

中国建筑的演变史在今日还是个谜，将来如果有一天，我们有相当的把握写部建筑史时，那部建筑史也就可以像一部最有趣味的侦探小说，其中主要的人物给侦探以相当方便和线索的，而不是那几座现存的最古遗物。现在唐代木构在国内还没找到一个，而宋代所刊营造法式又还有困难不能完

① 1尺=0.3333米。

全解释的地方，这距唐不久，离宋全盛时代还早的辽代，居然遗留给我们一些顶呱呱的木塔，高阁，佛殿，经藏，帮我们抓住前后许多重要的关键，这在几个研究建筑的死心眼人看来，已是了不起的事了。

我最初对于这应县木塔似乎并没有太多的热心，原因是思成自从知道了有这塔起，对于这塔的关心，几乎超过他自己的日常生活。早晨洗脸的时候，他会说“上应县去不应该是太难吧”。吃饭的时候，他会说“山西都修有顶好的汽车路了”。走路的时候，他会忽然间笑着说，“如果我能够去测绘那应州塔，我想，我一定……”他话常常没有说完，也许因为太严重的事怕语言亵渎了，最难受的一点是他根本还没有看见过这塔的样子，连一张模糊的相片，或翻印都没有见到！

有一天早上，在我们少数信件之中，我发现有一个纸包，寄件人的住址却是山西应县 × × 斋照相馆——这才是侦探小说有趣的一页——原来他想了这么一个方法写封信“探投山西应县最高等照相馆”，弄到一张应州木塔的相片。我只得笑着说阿弥陀佛，他所倾心的幸而不是电影明星！这照相馆的索价也很新鲜，他们要一点北平的信纸和信笺作酬金，据说因为应县没有南纸店。

时间过去了三年，让我们来夸他一句“有志者事竟成”吧，这位思成先生居然在应县木塔前边——何止，竟是上边，下边，里边，外边——绕着测绘他素仰的木塔了。

通讯一

……大同工作已完，除了华严寺处都颇详尽，今天是到大同以来最疲倦的一天，然而也就是最近于首途应县的一天了，十分高兴。明晨七时由此搭公共汽车赴岱，由彼换轿车“起早”，到即电告。你走后，我们大感工作不灵，大家都用愉快的意思回忆和你各处同作的畅顺，悔惜你走得太早。我也因为想到我们和应塔特殊的关系，悔不把你硬留下同去瞻仰。家里放下许久实在不放心，事情是绝对没有办法，可恨。应县工作约四五日可完，然后再赴 × 县……

通讯二

昨晨七时由同乘汽车出，车还新，路也平坦，有时竟走到每小时五十里的速度，十时许到岱岳。岱岳是山阴县一个重镇，可是雇车费了两个钟头才找到，到应县时已八点。

离县二十里已见塔，由夕阳返照中见其闪烁，一直看到它成了剪影，那算是我对于这塔的拜见礼。在路上因车摆动太甚，稍稍觉晕，到后即愈。县长养有好马，回程当借匹骑走，可免受晕车苦罪。

今天正式地去拜见佛宫寺塔，绝对的 overwhelming（势不可挡），好到令人叫绝，喘不出一口气来半天！

塔共有五层，但是下层有副塔（注：重檐建筑之次要一层，宋式谓之副塔），上四层，每层有平座，（实算共十层）因梁架斗拱之间，每层须量俯视，仰视，平面各一；共二十个平面图要画！塔平面是八角，每层须做一个正中线和一个斜中线的断面。斗拱不同者三四十种，工作是意外的繁多，意外的有趣，未来前的“五天”工作预示恐怕不够太多。

塔身之大，实在惊人，每面三开间，八面完全同样。我的第一个感触，便是可惜你不在此同我享此眼福，否则我真不知你要几体投地地倾倒！回想在大同善化寺暮色里同向着塑像瞪目咋舌的情形，使我愉快得不愿忘记那一刹那人生稀有的，由审美本能所触发的锐感，尤其是同几个兴趣同样的人，在同一个时候浸在那锐感里边。士能忘情时那句“如果元明以后有此精品，我的刘字倒挂起来了”，我时常还听得见。这塔比起大同诸殿更加雄伟，单是那高度已可观，士能很高兴他竟听我们的劝说没有放弃这一处同来看看，虽然他要不待测量先走了。

应县是个小小的城，是一个产盐区。在地下掘下不深就有咸水，可以煮盐，所以是个没有树的地方，在塔上看全城，只数到十四棵不很高的树！

工作繁重，归期怕要延长很多，但一切吃住都还舒适，住处离塔亦不远，请你放心……

通讯三

士能已回，我同莫君留此详细工作，离家已将一月却似更久。想北平正是秋高气爽的时候。非常想家！

相片已照完，十层平面全量了，并且非常精细，将来誊画正图时可以省事许多。明天起，量斗拱和断面，又该飞檐走壁了。我的腿已有过厄运，所以可以不怕。现在做熟了，希望一天可以做两层，最后用仪器测各檐高度和塔刹，三四天或可竣工。

这塔真是个独一无二的伟大作品，不见此塔，不知木构的可能性到了什么程度。我佩服极了，佩服建造这塔的时代，和那时代里不知名的大建筑师，不知名的匠人。

这塔的现状尚不坏，虽略有朽裂处。八百七十余年的风雨它不动声色地承受，并且它还领教过现代文明：民十六七年间冯玉祥攻山西时，这塔曾吃了不少的炮弹，痕迹依然存在，这实在叫我脸红。第二层有一根泥道拱竟为打去一节，第四层内部阑额内尚嵌着一弹，未经取出，而最下层西面两檐柱都有碗口大小的孔，正穿通柱身，可谓无独有偶。此外枪孔无数，幸而尚未打倒，也算是这塔的福气。现在应县人士有捐钱重修之义，将来回平后将不免为他们奔走。× 县至今无音信，虽然前天已发电去询问，若两三天内回信来，与大同诸寺略同则不去，若有唐代特征如人字拱、鸱尾等等，则一步一磕头也要去的……

通讯四

……这两天工作颇顺利，塔第五层(即顶层)的横截面已做了一半，明天可以做完。断面做完之后，将有顶上之行，实测塔顶相轮之高；然后楼梯，栏杆，格扇的详样；然后用仪器测全高及方向；然后抄碑；然后检查损坏处，以备将来修理。我对这座伟大建筑物目前的任务，便暂时告一段落了。

今天工作将完时，忽然来了一阵“不测的风云”。在天晴日美的下午五时前后狂风暴雨，雷电交作。我们正在最上层梁架上，不由得不感到自身的危险，不单是在二百八十多尺高将近千年的木架上，而且紧在塔顶铁质相轮之下，电母风伯不见得会讲特别交情。我们急着爬下，则见实测记录册子已被吹开，有一页已飞到栏杆上了。若再迟半秒钟，则十天的工作有全部损失的危险。我们追回那一页后，疾步下楼——约五分钟——到了楼下，却已有一线骄阳，由蓝天云隙里射出，风雨雷电已全签了停战协定了。我抬头看塔仍然存在，庆祝它又避过了一次雷打的危险，在急流成渠的街道上，回到住处去。

我在此每天除爬塔外，还到 × × 斋看了托我买信笺的那位先生。他因生意萧条，现在只修理钟表而不照相了……

这一段小小的新闻，抄用原来的通讯，似乎比较可以增加读者的兴趣，又可以保存朝拜这古塔的人的工作时的印象和经过，又可以省却写这段消息的人说出旁枝的话。虽然在通讯里没讨论到结构上的专门方面，但是在那一部侦探小说里也自成一章，至少那 ×× 斋照相馆的事例颇有始有终，思成和这塔的姻缘也可算圆满。

关于这塔，我只有一桩事要加附注。在佛宫寺的全部平面布置上，这塔恰恰在全寺的中心，前有山门、钟楼、鼓楼、东西两配殿，后面有桥通平台，台上还有东西两配殿和大殿。这是个极有趣的布置，至少我们疑心古代的伽蓝有许多是如此把高塔放在当中的。

云冈石窟中所表现的北魏建筑[①]

廿二年九月间，营造学社同人，趁着到大同测绘辽金遗建华严寺、善化寺等之便，决定附带到云冈去游览、考察数日。

云冈灵岩石窟寺，为中国早期佛教史迹壮观。因天然的形势，在绵亘峭立的岩壁上，凿造龛像建立寺宇，动伟大的工程，如《水经注·漯水条》所述："……凿石开山，因岩结构，真容巨壮，世法所希，山堂水殿，烟寺相望……"；又如《续高僧传》中所描写的"……面别镌像，穷诸巧丽，龛别异状，骇动人神……"则这灵岩石窟更是后魏艺术之精华——中国美术史上一个极重要时期中难得的大宗实物遗证。

但是或因两个极简单的原因，这云冈石窟的雕刻，除掉其在宗教意义上，频受人民香火，偶遭帝王巡幸礼拜外，十数世纪来直到近三十余年前，在这讲究金石考古学术的中国里，却并未有人注意及之。

---

①本文原载于1933年12月《中国营造学社汇刊》第4卷第3～4期，署名：梁思成、林徽因、刘敦桢。

我们所疑心的几个简单的原因，第一个浅而易见的，自是地处边僻，交通不便。第二个原因，或是因为云冈石窟诸刻中，没有文字。窟外或崖壁上即使有，如《续高僧传》中所称之碑碣，却早已漫没不存痕迹，所以在这偏重碑拓文字的中国金石学界里，便引不起什么注意。第三个原因，是士大夫阶级好排斥异端，如朱彝尊的《云冈石佛记》，即其一例，宜其湮没千余年，不为通儒硕学所称道。

近人中，最早得见石窟，并且认识其在艺术史方面的价值和地位、发表文章、记载其雕饰形状、考据其兴造年代的，当推日人伊东和新会陈援庵先生，此后专家作有系统的调查和详细摄影的，有法人沙畹 (Chavannes)，日人关野贞、小野诸人，各人的论著均以这时期因佛教的传布，中国艺术固有的血脉中，忽然掺杂旺而有力的外来影响，为可重视。且西域所传入的影响，其根苗可远推至希腊古典的渊源，中间经过复杂的途径，迤逦波斯，蔓延印度，更推迁至西域诸族，又由南北两路犍陀罗及西藏以达中国。这种不同文化的交流濡染，为历史上最有趣的现象，而云冈石刻便是这种现象极明晰的实证之一种，自然也就是近代治史者所最珍视的材料了。

根据着云冈诸窟的雕饰花纹的母题 (motif) 及刻法，佛像的衣褶容貌及姿势，断定中国艺术约莫由这时期起，走入一个新的转变，是毫无问题的。以汉代遗刻中所表现的一切戆直古劲的人物车马花纹，与六朝以还的佛像饰纹和浮雕的草叶、璎珞、飞仙等等相比较，则前后判然不同的倾向，一望而知。仅以刻法而论，前者单简冥顽，后者在质朴中，忽而柔和生动，更是相去悬殊。

但云冈雕刻中，“非中国”的表现甚多；或显明承袭希腊古典宗脉；或繁富地掺杂印度佛教艺术影响；其主要各派元素多是囫囵包并，不难历历辨认出来的。因此又与后魏迁洛以后所建伊阙石窟——即龙门——诸刻稍不相同。以地点论，洛阳伊阙已是中原文化中心所在；以时间论，魏帝迁洛时，距武州凿窟已经半世纪之久；此期中国本有艺术的风格，得到西域袭入的增益后，更是根深蒂固，一日千里，反将外来势力积渐融化，与本有的精神冶于一炉。

云冈雕刻既然上与汉刻迥异，下与龙门较，又有很大差别，其在中国艺术史中，固自成一特种时期。近来中西人士对于云冈石刻更感兴趣，专程到那里谒拜鉴赏的，便成为常事，摄影翻印，到处可以看到。同人等初意不过是来大同机会不易，顺便去灵岩开开眼界，瞻仰后魏艺术的重要表现；如果获得一些新的材料，则不妨图录笔记下来，作一种云冈研究补遗。以前从搜集建筑实物史料方面，我们早就注意到云冈、龙门及天龙山等处石刻上“建筑的”(architectural)价值，所以造像之外，影片中所呈示的各种浮雕花纹及建筑部分（若门楣、栏杆、柱塔等等），均早已列入我们建筑实物史料的档库。这次来到云冈，我们得以亲自抚摩这些珍罕的建筑实物遗证，同行诸人，不约而同地第一转念，便是作一种关于云冈石窟“建筑的”方面比较详尽的分类报告。

这“建筑的”方面有两种：一是洞本身的布置、构造及年代，与敦煌、印度之差别等等，这个倒是比较简单的；一是洞中石刻上所表现的北魏建筑物及建筑部分，这后者却是个大大有意思的研究，也就是本篇所最注重处，亦所以命题者。然后我们当更讨论到云冈飞仙的雕刻，及石刻中所有的雕饰花纹的题材、式样等等。最后当在可能范围内，研究到窟前当时、历来及现在的附属木构部分，以结束本篇。

一、洞名

云冈诸窟，自来调查者各以主观命名，所根据的，多倚赖于传闻，以讹传讹，极不一致。如沙畹书中未将东部四洞列入，仅由东部算起；关野虽然将东部补入，却又遗漏中部西端三洞。至于伊东最早的调查，只限于中部诸洞，把东、西二部全体遗漏，虽说时间短促，也未免遗漏太厉害了。

本文所以要先厘定各洞名称，俾下文说明，有所根据。兹依云冈地势分云冈为东、中、西三大部。每部自东向西，依次排号；小洞无关重要者从略。再将沙畹、关野、小野三人对于同一洞的编号及名称，分行列于底下，以做参考。

东部

沙畹命名	关野命名（附中国名称）	小野调查之名称
第一洞	No.1（东塔洞）	石鼓洞
第二洞	No.2（西塔洞）	寒泉洞
第三洞	No.3（隋大佛洞）	灵岩寺洞
第四洞[①]	No.4	

中部

第一洞	No.1	No.5（大佛洞）	阿弥陀佛洞
第二洞	No.2	No.6（大四面佛洞）	释迦佛洞
第三洞	No.3	No.7（西来第一佛洞）	准提阁菩萨洞
第四洞	No.4	No.8（佛籁洞）	佛籁洞
第五洞	No.5	No.9（释迦洞）	阿佛闪洞
第六洞	No.6	No.10（持钵佛洞）	毗庐佛洞
第七洞	No.7	No.11（四面佛洞）	接引佛洞
第八洞	No.8	No.12（椅像洞）	离垢地菩萨洞
第九洞	No.9	No.13（弥勒洞）	文殊菩萨洞

西部

第一洞	No.16	No.16（立佛洞）	接引佛洞
第二洞	No.17	No.17（弥勒三尊洞）	阿闪佛洞
第三洞	No.18	No.18（立三佛洞）	阿闪佛洞

①此处内容参考作者原著。

第四洞	No.19	No.19（大佛三洞）	宝生佛洞
第五洞	No.20	No.20（大露佛）	白佛耶洞
第六洞[①]		No.21（塔洞）	千佛洞

本文仅就建筑与装饰花纹方面研究，凡无重要价值的小洞，如中部西端三洞与西部东端二洞，均不列入，故篇中名称，与沙畹、关野两人的号数不合。此外云冈对岸西小山上，有相传造像工人所凿，自为功德的鲁班窑二小洞；和云冈西七里姑子庙地方，被川水冲毁，仅余石壁残像的尼寺石祇洹舍，均无关重要，不在本文范围以内。

二、洞的平面及其建造年代

云冈诸窟中，只是西部第一到第五洞，平面做椭圆形，或杏仁形，与其他各洞不同。关野、常盘合著的《中国佛教史迹》第二集评解，引魏书兴光元年，于五缎大寺为太祖以下五帝铸铜像之例，疑此五洞亦为纪念太祖以下五帝而设，并疑《魏书·释老志》所言昙曜开窟五所，即此五洞，其时代在云冈诸洞中为最早。

考《魏书·释老志》卷百十四原文："……兴光元年秋，敕有司于五缎大寺内，为太祖以下五帝，铸释迦立像五，各长一丈六尺。……太安初，有师子国胡沙门邪奢遗多、浮陁难提

①此处内容参考作者原著。

等五人，奉佛像三到京都，皆云备历西域诸国，见佛影迹及肉髻，外国诸王相承，咸遣工匠摹写其容，莫能及难提所造者。去十余步视之炳然，转近转微。又沙勒胡沙门赴京致佛钵，并画像迹。和平初，师贤卒，昙曜代之，更名沙门统。初，昙曜以复法之明年，自中山被命赴京，值帝出，见于路……帝后奉以师礼。昙曜白帝，于京城西武州塞，凿山石壁，开窟五所，镌建佛像各一，高者七十尺，次六十足。雕饰奇伟，冠于一世……"

所谓"复法之明年"，自是兴安二年（公元四五三年），魏文成帝即位的第二年，也就是太武帝崩后第二年。关于此书，有《续高僧传·昙曜传》中一段记载，年月非常清楚："先是太武皇帝太平真君七年，司徒崔皓令帝崇重道士寇谦之，拜为天师，珍敬老氏。虔刘释种，焚毁寺塔。至庚寅年（太平真君十一年），太武感疠疾，方始开悟。帝心既悔，咏夷崔氏。至壬辰年（太平真君十三年亦即安兴元年）太武云崩，子文成立，即起塔寺，搜访经典。毁法七载，三宝还兴；曜慨前陵废，欣今重复……"由太平真君七年毁法，到兴安元年"起塔寺""访经典"的时候，正是前后七年，故有所谓"毁法七载，三宝还兴"的话；那么无疑的"复法之明年"，即是兴安二年了。

所可疑的只是：（一）到底昙曜是否在"复法之明年"见了文成帝便去开窟；还是到了"和平初，师贤卒"他做了沙门统之后，才"白帝于京城西……开窟五所"？这里前后就有八年的差别，因魏文成帝于兴安二年后改号兴光，一年后又改太安，太安共五年，才改号和平的。(二)《释老志》文中“后帝奉以师礼，曜白帝于京城西……”这里“后”字，亦颇蹊跷。到底这时候，距昙曜初见文成帝时候有多久？见文成帝之年因为兴安二年，他禀明要开窟之年(即使不待他做了沙门统)，也可在此后两三年、三四年之中，帝奉以师礼之后！

总而言之，我们所知道的只是昙曜于兴安二年(公元四五三年)入京见文成帝，到和平初年(公元四六〇年)做了沙门统。至于武州塞五窟，到底是在这八年中的哪一年兴造的，则不能断定了。

《释老志》关于开窟事，和兴光元年铸像事的中间，又记载那一节太安初师子国(锡兰)胡沙门难提等奉像到京都事。并且有很恭维难提摹写佛容技术的话。这个令人颇疑心与石窟镌像有相当瓜葛。即不武断地说，难提与石窟巨像，有直接关系，因难提造像之佳，“视之炳然……”，而猜测他所摹写的一派佛容，必然大大地影响当时佛像的容貌，或是极合理的。云冈诸刻虽多犍陀罗影响，而西部五洞巨像的容貌衣褶，却带极浓厚的中印度气味的。

至于《释老志》，“昙曜开窟五所”的窟，或即是云冈西部的五洞，此说由云冈石窟的平面方面看起来，我们觉得更可以置信。(一)因为它们的平面配置，自成一统系，且自左至右五洞，适相联贯。(二)此五洞皆有本尊像及胁侍，面貌最富异国情调，与他洞佛像大异。(三)洞内壁面列无数小龛小佛，雕刻甚浅，没有释迦事迹图。塔与装饰花纹亦甚少，和中部诸洞不同。(四)洞的平面由不规则的形体，进为有规则之方形或长方形，乃工作自然之进展与要求。因这五洞平面的不规则，故断定其开凿年代必最早。

《中国佛教史迹》第二集评解中，又谓中部第一洞为孝文帝纪念其父献文帝所造，其时代仅次于西部五大洞。因为此洞平面前部，虽有长方形之外室，后部仍为不规则之形体，乃过渡时代最佳之例。这种说法，固甚动听，但文献上无佐证，实不能定谳。

中部第三洞，有太和十三年铭刻；第七洞窗东侧，有太和十九年铭刻，及洞内东壁曾由叶恭绰先生发现之太和七年铭刻。文中有"邑义信士女等五十四人……共相劝合为国兴福，敬造石庙形象九十五区及诸菩萨，愿以此福……"等等。其他中部各洞全无考。但就佛容及零星雕刻作风而论，中部偏东诸洞，仍富于异国情调。偏西诸洞，虽洞内因石质风化过甚，形象多经后世修葺，原有精神完全失掉，而洞外崖壁上的刻像，石质较坚硬，刀法伶俐可观，佛貌又每每微长，口角含笑，衣褶流畅精美，渐类龙门诸像。已是较晚期的作风无疑。和平初年到太和七年，已是二十三年，实在不能不算是一个相当的距离。且由第七洞更偏西去的诸洞，由形势论，当是更晚的增辟，年代当又在太和七年后若干年了。

西部五大洞之外，西边无数龛洞(多已在崖面成浅龛)，以作风论，大体较后于中部偏东四洞，而又较古于中部偏西诸洞。但亦偶有例外，如西部第六洞的洞口东侧，有太和十九年铭刻，与其东侧小洞，有延昌年间的铭刻。

我们认为最稀奇的是东部未竣工的第三洞。此洞又名灵岩，传为昙曜的译经楼，规模之大，为云冈各洞之最。虽未竣工，但可看出内部佛像之后，原计划似预备凿通，俾可绕行佛后的。外部更在洞顶崖上，凿出独立的塔一对，塔后石壁上，又有小洞一排，为他洞所无。以事实论，颇疑此洞因孝文帝南迁洛阳，在龙门另营石窟，平城（即大同）日就衰落，故此洞工作，半途中辍，但确否尚需考证。以作风论，关野、常盘谓第三洞佛像在北魏与唐之间，疑为隋炀帝纪念其父文帝所建。新海中川合著之《云冈石窟》竟直称为初唐遗物。这两说未免过于武断。事实上，隋唐皆都长安、洛阳，决无于云冈造大窟之理，史上亦无此先例。且即根据作风来察这东部大洞的三尊巨像的时代，也颇有疑难之处。

我们前边所称，早期异国情调的佛像，面容为肥圆的；其衣纹细薄，贴附于像身（所谓湿褶纹者）；佛体呆板，僵硬，且权衡短促；与他像修长微笑的容貌，斜肩而长身，质实垂重的衣裾褶纹，相较起来，显然有大区别。现在这里的三像，事实上虽可信其为云冈最晚的工程，但相貌、衣褶、权衡，反与前者，所谓异国神情者，同出一辙，骤反后期风格。

不过在刀法方面观察起来，这三像的各样刻工，又与前面两派不同,独成一格。这点在背光和头饰的上面,尤其显著。

这三像的背光上火焰，极其回绕柔和之能事，与西部古劲挺强者大有差别；胁侍菩萨的头饰则繁富精致（ornate），花纹更柔圆近于唐代气味(论者定其为初唐遗物,或即为此)。佛容上，耳、鼻、手的外廓刻法，亦肥圆避免锐角，项颈上三纹堆叠，更类他处隋代雕像特征。

这样看来，这三像岂为早期所具规模，至后（迁洛前）才去雕饰的，一种特殊情况下遗留的作品？不然，岂太和以后某时期中云冈造像之风暂敛，至孝文帝迁都以前，镌建东部这大洞时，刻像的手法乃大变，一反中部风格，倒去模仿西部五大洞巨像的神气？再不然，即是兴造此洞时，在佛像方面，有指定的印度佛像作模型镌刻。关于这点，文献上既苦无材料帮同消解这种种哑谜。东部未竣工的大洞兴造年代，与佛像雕刻时期，到底若何，怕仍成为疑问，不是从前论断者所见得的那么简单“洞未完竣而辍工”。近年偏西次洞又遭凿毁一角，东部这三洞，灾故又何多？

现在就平面及雕刻诸点论，我们可约略地说：西部五大洞建筑年代最早，中部偏东诸大洞次之，西部偏西诸洞又次之。中部偏西各洞及崖壁外大龛再次之。东部在雕刻细工上，则无疑的在最后。

离云冈全部稍远，有最偏东的两塔洞，塔居洞中心，注重于建筑形式方面，瓦檐，斗拱及支柱，均极清晰显明，佛像反模糊无甚特长，年代当与中部诸大洞前后相若；尤其是释迦事迹图，宛似中部第二洞中所有。

就塔洞论，洞中央之塔柱雕大尊像者较早，雕楼阁者次之，详下文解释。

三、石窟的源流问题

石窟的制作受佛教之启迪，毫无疑问，但印度 Ajanta（阿旃陀石窟）诸窟之平面，比较复杂，且纵穴甚深，内有支提塔，有柱廊，非我国所有。据 Von Le Coq（勒科克）在新疆所调查者，其平面以一室为最普通，亦有二室者。室为方形，较印度之窟简单，但是诸窟的前面用走廊连贯，骤然看去，多数的独立的小窟团结一气，颇觉复杂，这种布置，似乎在中国窟与印度窟之间。

敦煌诸窟，伯希和书中没有平面图，不得知其详。就相片推测，有二室联结的。有塔柱，四面雕佛像的。室的平面，也是以方形和长方形居多。疑与新疆石窟是用于一个系统，只因没有走廊联络，故更为简单。

云冈中部诸洞，大半都是前后两间。室内以方形和长方形为最普通。当然受敦煌及西域的影响较多，受印度的影响较少。所不可解者，昙曜最初所造的西部五大窟，何以独作椭圆形、杏仁形，其后中部诸洞，始与敦煌等处一致？岂此五洞出自昙曜及其工师独创的意匠？抑或受了敦煌西域以外的影响？在全国石窟尚未经精密调查的今日，这个问题又只得悬起待考了。

四、石刻中所表现的建筑形式

（一）塔

云冈石窟所表现的塔分两种：一种是塔柱，另一种便是壁面上浮雕的塔。

甲　塔柱是个立体实质的石柱，四面镂着佛像，最初塔柱是模仿印度石窟中的支提塔，纯然为信仰之对象。这种塔柱立在中央，为的是僧众可以绕行柱的周围，礼赞供养。伯希和《敦煌图录》中认为北凉建造的第一百十一洞，就有塔柱，每面皆琢佛像。云冈东部第四洞，及中部第二洞、第七洞，也都是如此琢像在四面的，其受敦煌影响，当没有疑问。所宜注意之点，则是由支提塔变成四面雕像的塔柱，中间或尚有其过渡形式，未经认识，恐怕仍有待于专家的追求。

稍晚的塔柱，中间佛像缩小，柱全体成小楼阁式的塔，每面镂刻着檐柱、斗拱，当中刻门拱形（有时每面三间或五间），浮雕佛像，即坐在门拱里面。虽然因为连着洞顶，塔本身没有顶部，但底下各层，实可作当时木塔极好的模型。

与云冈石窟同时或更前的木构建筑，我们固未得见，但

《魏书》中有许多建立多层浮图的记载，且《洛阳伽蓝记》中所描写的木塔，如熙平元年（公元五一六年）胡太后所建之永宁寺九层浮图，距云冈开始造窟仅五十余年，木塔营建之术，则已臻极高程度，可见半世纪前，三五层木塔，必已甚普通。于至木造楼阁的历史，根据史料，更无疑的已有相当年代，如《后汉书·陶谦传》，说“笮融大起浮屠寺，上累金盘，下为重楼”。而汉刻中，重楼之外，陶质冥器中，且有极类塔形的三层小阁，每上一层面阔且递减。故我们可以相信云冈塔柱，或浮雕上的层塔，必定是本着当时的木塔而镌刻的，决非臆造的形式。因此云冈石刻塔，也就可以说是当时木塔的石仿模型了。

属于这种的云冈独立塔柱，共有五处，平面皆方形（《洛阳伽蓝记》中木塔亦谓“有四面”），列表如下：

东部第一洞	二层	每层一间
东部第二洞	三层	每层三间
中部东山峪中塔洞①	五层?	每层? 间
西部第六洞	五层	每层五间
中部第二洞（中间四大佛像、四角四塔柱）	九层	每层三间

上列五例，以西部第六洞的塔柱为最大，保存最好。塔下原有台基。惜大部残毁不能辨认。上边五层重叠的阁，面阔与高度成递减式，即上层面阔同高度，比下层每次减少，

①此处内容参考作者原著。

使外观安稳隽秀。这个是中国木塔重要特征之一，不意频频见于北魏石窟雕刻上，可见当时木塔主要形式已是如此，只是平面，似尚限于方形。

日本奈良法隆寺，借高丽东渡僧人监造，建于隋炀帝大业三年（公元六〇七年），间接传中国六朝建筑形制。虽较熙平元年永宁寺塔晚几世纪，但因远在外境，形制上亦必守旧，不能如文化中区的迅速精进。法隆寺塔共五层，平面亦是方形；建筑方面已精美成熟，外表玲珑开展。推想在中国本土，先此百余年时，当已有相当可观的木塔建筑无疑。

至于建筑主要各部，在塔柱上亦皆镌刻完备，每层的阁所分各间，用八角柱区隔，中雕龛拱及像（龛有圆拱，五边拱两种间杂而用）柱上部放坐斗，载额枋，额枋上不见平板枋。斗拱仅柱上用一斗三升；补间用“人字拱”；檐椽只一层，断面做圆形，椽到阁的四隅作斜列状，有时檐角亦微微翘起。椽与上部的瓦陇间隔，则上下一致。最上层因须支撑洞的天顶，所以并无似浮雕上所刻的刹柱相轮等等。除此之外，所表现各部，都是北魏木塔难得的参考物。

又东部第一洞、第二洞的塔柱，每层四隅皆有柱，现仅第二洞的尚存一部分。柱断面为方形，微去四角。旧时还有栏杆围绕，可惜全已毁坏。第一洞廊上的天花作方格式，还可以辨识。

中部第二洞的四小塔柱，位于刻大像的塔柱上层四隅。

平面亦方形。阁共九层，向上递减至第六层。下六层四隅，有凌空支立的方柱。这四个塔柱因平面小，故檐下比较简单，无一斗三升的斗拱、人字拱及额枋。柱是直接支于檐下，上有大坐斗，如同多立克式柱头 (Doric Order)，更有意思的，就是檐下每龛门拱上，左右两旁有伸出两卷瓣的拱头，与奈良法隆寺金堂上“云肘木”（即云形拱）或玉虫厨子柱上的“受肘木”极其相似，唯底下为墙，且无柱故亦无坐斗。

这几个多层的北魏塔型，又有个共有的现象，值得注意的，便是底下一层檐部，直接托住上层的阁，中间没有平坐。此点即奈良法隆寺五层塔亦如是。阁前虽有勾阑，却非后来的平坐，因其并不伸出阁外，另用斗拱承托着。

乙　浮雕的塔，遍见各洞，种类亦最多。除上层无相轮，仅刻忍冬草纹的，疑为浮雕柱的一种外［伊东因其上有忍冬草，称此种作哥林特式柱[①] (Corinthian Order)］，其余列表如下：

一层塔——

①上方下圆，有相轮五重。

中部第二洞上层，及中部第九洞。

②方形。中部第九洞。

三层塔——平面方形，每层间数不同。

①今译作科林斯柱式。

①中部第七洞，第一层一间，第二层二间，第三层一间，塔下有方座，脊有合角鸱尾，刹上具相轮五重及珠宝。

②中部第八、第九洞，每层均一间。

③西部第六洞，第一层二间，第二、第三层各一间，每层脊有合角鸱尾。

④西部第二洞，第一、第二层各一间，第三层二间。

五层塔——平面方形。

①东部第二洞，此塔有侧脚。

②中部第二洞有台基，各层面阔、高度，均向上递减。

③中部第七洞。

七层塔——平面方形。

中部第七洞塔下有台座，无枭混及莲瓣。每层之角悬幡，刹上具相轮五层，及宝珠。

以上甲、乙两种的塔，虽表现方法稍不同，但所表示的建筑式样，除圆顶塔一种外，全是中国“楼阁式塔”建筑的实例。现在可以综合它们的特征，列成以下各条。

（一）平面全限于方形一种，多边形尚不见。

（二）塔的层数，只有东部第一洞有个偶数的，余全是奇数，与后代同。

（三）各层面阔和高度向上递减，亦与后代一致。

（四）塔下台基没有曲线枭混和莲瓣，颇像敦煌石窟的佛座，疑当时还没有像宋代须弥座的繁褥雕饰。但是后代的枭混曲线，似乎由这种直线枭混演变出来的。

（五）塔的屋檐皆直檐（但浮雕中殿宇的前檐，有数处已明显地上翘），无裹角法，故亦无子角梁、老角梁之结构。

（六）椽子仅一层，但已有斜列的翼角椽子。

（七）东部第二窟之五层塔浮雕，柱上端向内倾斜，大概是后世侧脚之开始。

（八）塔顶之形状：东部第二洞浮雕五层塔，下有方座。其露盘极像日本奈良法隆寺五重塔，其上忍冬草雕饰，如日本的受花，再上有覆钵，覆钵上刹柱饰，相轮五重顶，冠宝珠。可见法隆寺刹上诸物，俱传自我国，分别只在法隆寺塔刹的覆钵，在受花下，云冈的却居受花上。云冈刹上没有水烟，与日本的亦稍不同。相轮之外廓，上小下大（东部第二洞浮雕），中段稍向外膨出。东部第一洞与中部第二洞之浮雕塔，一塔三刹，关野谓为“三宝”之表征，其制为近世所没有。总之根本全刹，即是一个窣堵波 (stupa)。

（九）中国楼阁向上递减，顶上加一个窣堵波，便为中国式的木塔。所以塔虽是佛教象征意义最重的建筑物，传到中土，却中国化了，变成这中印合璧的规模，而在全个结构及外观上中国成分，实又占得多。如果《后汉书·陶谦传》所记载的，不是虚伪，此种本塔，在东汉末期，恐怕已经布下种子了。

（二）殿宇

壁上浮雕殿宇共有两种，一种是刻成殿宇正面模型，用每两柱间的空隙，镌刻较深佛龛而居像；另一种则是浅刻释迦事迹图中所表现的建筑物。这两种殿宇的规模，虽甚简单，但建筑部分，固颇清晰可观，和浮雕诸塔同样，有许多可供参考的价值，如同檐柱、额枋、斗拱、房基、栏杆、阶级等等。不过前一种既为佛龛的外饰，有时竟不是十分忠实的建筑模型；檐下瓦上，多增加非结构的花鸟，后者因在事迹图中，故只是单间的极简单的建筑物，所以两种均不足代表当时的宫室全部的规矩。它们所供给的有价值的实证，故仍在几个建筑部分上（详下文）。

（三）洞口柱廊

洞口因石质风化太甚，残破不堪，石刻建筑结构，多已不能辨认。但中部诸洞有前后两室者，前室多作柱廊，形式类希腊神庙前之茵安提斯(inantis)柱廊之布置。廊作长方形，面阔约倍于进深，前面门口加两根独立大支柱，分全面阔为三间。这种布置，亦见于山西天龙山石窟，唯在比例上，天龙山的廊较为低小，形状极近于木构的支柱及阑额。云冈柱廊（最完整的见于中部第八洞），柱身则高大无伦。廊内开敞，刻几层主要佛龛。惜外面其余建筑部分，均风化不稍留痕迹，无法考其原状。

五、石刻中所见建筑部分

（一）柱

柱的平面虽说有八角形、方形两种，但方形的，亦皆微去四角，而八角形的，亦非正八角形，只是所去四角稍多，“斜边”几乎等于“正边”而已。

柱础见于中部第八洞的，也作八角形，颇像宋式所谓櫍板。柱身下大上小，但未有 entasis（凸肚状）及卷杀。柱面常有浅刻的花纹，或满琢小佛龛。柱上皆有坐斗，斗下有皿板，与法隆寺同。

柱部分显然得外国影响的，散见各处：如一，中部第八洞入口的两侧有二大柱，柱下承以台座，略如希腊古典的 pedestal（底座），疑是受犍陀罗的影响。二，中部第八洞柱廊内墙东南转角处，有一八角短柱立于勾栏上面；柱头略像方形小须弥座，柱中段绕以莲瓣雕饰，柱脚下又有忍冬草叶，由四角承托上来。这个柱的外形，极似印度式样，虽然柱头柱身及柱脚的雕饰，严格的全不本着印度花纹。三，各种希腊柱头中部第八洞有“爱奥尼亚”式杖头（Ionic order）极似 Temple of Neandria（尼德兰神庙）柱头。散见于东部第一洞，中部三、四等洞的，有哥林特式柱头，但全极简单，不能与希腊正规的 order（柱式）相比；且云冈的柱头乃忍冬草大叶，远不如希腊 acanthus 叶的复杂。四，东部第四洞有人形杖，但板粗糙，且大部已毁。五，中部第二洞龛拱下，有小短柱支托，则又完全作波斯形式，且中部第八洞壁画上，亦有兽形拱与波斯兽形柱头相同。六，中部某部浮雕柱头，见于印度古石刻。

（二）阑额

阑额载于坐斗内，没有平板枋，额亦仅有一层。坐斗与阑额中间有细长替木，见中部第五、第八洞内壁上浮雕的正面殿宇。阑额之上又有坐斗，但较阑额下，柱头坐斗小很多，而与其所承托的斗拱上三个升子斗，大小略同。斗拱承柱头枋，枋则又直接承于椽子底下。

（三）斗拱

柱头铺作一斗三升放在柱头上之阑额上，拱身颇高，无拱瓣，与天龙山的例不同。升有皿板。补间铺做有人字形拱，有皿板，人字之斜边作直线，或尚存古法。

中部第八洞壁面佛龛上的殿宇正面，其柱头铺作的斗拱，外形略似一斗三升，而实际乃刻两兽背面屈膝状，如波斯柱头。

（四）屋顶

一切屋顶全表现四柱式，无歇山、硬山、挑山等。屋角或上翘，或不翘，无子角梁、老角梁之表现。

椽子皆一层，间隔较瓦轮稍密，瓦皆筒瓦。屋脊的装饰，正脊两端用鸱尾，中央及角脊用凤凰形装饰，尚保留汉石刻中所示的式样。正脊偶以三角形之火焰与凤凰，间杂用之，其数不一，非如近代，仅于正脊中央放置宝瓶。如中部第五、第六、第八等洞。

（五）门与拱

门皆方首。中部第五洞门上有斗拱檐椽，似模仿木造门罩的结构。

拱门多见于壁龛。计可分两种：圆拱及五边拱。图拱的内周（iutrodus）多刻作龙形，两龙头在拱开始处。外周（extrodus）做宝珠形。拱面多雕趺坐的佛像。这种拱见于敦煌石窟及印度古石刻，其印度的来源，甚为明显。所谓五边拱者，即方门抹去上两角；这种拱也许是中国固有。我国古代未有发券方法以前，有圭门圭窦之称；依字义解释，圭者尖首之谓，室如⌂形，进一步在上面加一边而成⬠，也是演绎程序中可能的事。在敦煌无这种拱龛，但壁画中所画中国式城门，却是这种形式，至少可以证明云冈的五边拱，不是从西域传来的。后世宋代之城门，元之居庸关，都是用这种。云冈的五边拱，拱面都分为若干方格，格内多雕飞天；拱下或垂幔帐，或悬璎珞，做佛像的边框。间有少数佛龛，不用拱门，而用垂幛的。

（六）栏杆及踏步

踏步只见于中都第二洞佛迹图内殿宇之前。大都一组置于阶基正中，未见两组、三组之列。阶基上的栏杆，刻作直棂，到踏步处并沿踏步两侧斜下。踏步栏杆下端，没有抱鼓石，与南京栖霞山舍利塔雕刻符合。

中部第五洞有万字栏杆，与日本法隆寺勾栏一致。这种栏杆是六朝唐宋间最普通的做法，图画见于敦煌壁画中；在蓟县独乐寺、应县佛宫寺塔上则都有实物留存至今。

（七）藻井

石窟顶部，多刻作藻井，这无疑的也是按照当时木构在石上模仿的。藻井多用“支条”分格，但也有不分格的。藻井装饰的母题，以飞仙及莲花为主，或单用一种，或两者掺杂并用。龙也有用在藻井上的，但不多见。

藻井之分划，依室的形状，颇不一律，较之后世齐整的方格，趣味丰富得多。斗八之制，亦见于此。

窟顶都是平的，敦煌与天龙山之⌓形天项，不见于云冈，是值得注意的。

六、石刻的飞仙

洞内外壁面与藻井及佛后背光上，多刻有飞仙，作盘翔飞舞的姿势，窈窕活泼，手中或承日月宝珠，或持乐器，有如基督教艺术中的安琪儿。飞仙的式样虽然甚多，大约可分两种，一种是着印度湿褶的衣裳而露脚的；一种是着短裳曳长裙而不露脚，裙末在脚下缠绕后，复张开飘扬的。两者相较，前者多肥笨而不自然，后者轻灵飘逸，极能表出乘风羽化的韵致，尤其是那开展的裙裾及肩臂上所披的飘带，生动有力，迎风飞舞，给人以回翔浮荡的印象。

从要考研飞仙的来源方面来观察它们，则我们不能不先以汉代石刻中与飞仙相似的神话人物，和印度佛教艺术中的飞仙，两相较比着看。结果极明显的，看出云冈的露脚，肥笨作跳跃状的飞仙，是本着印度的飞仙模仿出来的无疑，完全与印度飞仙同一趣味。而那后者，长裙飘逸的，有一些并着两腿，望一边曳着腰身，裙末翘起，颇拟人鱼，与汉刻中鱼尾托云的神话人物，则又显然同一根源。后者这种屈一膝作猛进姿势的，加以更飘散的裙裾，多脱去人鱼形状，更进一步，成为最生动灵敏的飞仙，我们疑心它们在云冈飞仙雕刻程序中，必为最后最成熟的作品。

天龙山石窟飞仙中之佳丽者，则是本着云冈这种长裙飞舞的，但更增富其衣褶，如腰部的散褶及裤带。肩上飘带，在天龙山的，亦更加曲折回绕，而飞翔姿势，亦愈柔和浪漫。每个飞仙加上衣带彩云，在布置上，常有成一圆形图案者。

曳长裙而不露脚的飞仙，在印度西域佛教艺术中俱无其例，殆亦可注意之点。且此种飞仙的服装，与唐代陶俑美人甚似，疑是直接写真当代女人服装。

飞仙两臂的伸屈，颇多姿态；手中所持乐器亦颇多种类，计所见有如下条件：

鼓，状，以带系于项上，腰鼓、笛、笙、琵琶筝（类外国 harp 竖琴）但无钹。其他则常有持日、月、宝珠及散花者。

总之飞仙的容貌仪态亦如佛像，有带浓重的异国色彩者，有后期表现中国神情美感者。前者身躯肥胖，权衡短促，服装简单，上身几全袒露，下裳则做印度式短裙，缠结于两腿间，粗陋丑俗。后者体态修长，风致娴雅，短衣长裙，衣褶简而有韵，肩带长而回绕，飘忽自如，的确能达到超尘的理想。

七、云冈石刻中装饰花纹及色彩

云冈石刻中的装饰花纹种类奇多，而十之八九，为外国传入的母题及表现。其中所示种种饰纹，全为希腊的来源，经波斯及犍陀罗而输入者，尤其是回折的卷草，根本为西方花样之主干，而不见于中国周汉各饰纹中。但自此以后，竟成为中国花样之最普通者，虽经若干变化，其主要左右分枝回旋的原则，仍始终固定不改。

希腊所谓 acanthus 叶，本来颇复杂，云冈所见则比较简单：日人称为忍冬草，以后中国所有卷草、西番草、西番莲者，则全本源于回折的 acanthus 花纹。

“连环纹”，其原则是每一环自成一组，与它组交结处，中间空隙，再填入小花样；初望之颇似汉时中国固有的绳纹，但绳纹的原则，与此大不相同，因绳纹多为两根盘结不断；以绳纹复杂交结的本身，作图案母题，不多借力于其他花样。而此种以三叶花为主的连环纹，则多见于波斯、希腊雕饰。

佛教艺术中所最常见的莲瓣，最初无疑根源于希腊本草叶，而又演变而成为莲瓣者。但云冈石刻中所呈示的水草叶，则仍为希腊的本来面目，当是由犍陀罗直接输入的装饰。同时佛座上所见的莲瓣，则当是从中印度随佛教所来，重要的宗教饰纹，其来历却又起源于希腊水草叶者。中国佛教艺术积渐发达，莲瓣因为带着象征意义，亦更兴盛，种种变化及应用，叠出不穷，而水草叶则几绝无仅有，不再出现了。

其他饰纹如璎珞 (beads)、花绳 (garlands)，及束苇 (reeds) 等，均为由犍陀罗传入的希腊装饰无疑。但尖齿形之幕沿装饰，则绝非希腊式样，而与波斯锯齿饰或有关系。真正万字纹未见于云冈石刻中，偶有万字勾栏，其回纹与希腊万字，却绝不相同。水波纹亦偶见，当为中国固有影响。

以兽形为母题之雕饰，共有龙、凤、金翅鸟 (Garuda)、螭首、正面饕餮、狮子，这些除金翅鸟为中印度传入，狮子带着波斯色彩外，其余皆可说是中国本有的式样，而在刻法上略受西域影响的。

汉石刻砖纹及铜器上所表现的中国固有雕纹，种类不多，最主要的如雷纹、斜线纹、斜方格、斜方万字纹，直线或曲线的水波纹、绳纹、锯齿、乳箭头叶、半圆弧纹等，此外则多倚赖以鸟兽人物为母题的装饰，如青龙、白虎、饕餮、凤凰，朱雀，及枝柯交扭的树、成列的人物车马，及打猎时奔窜的犬鹿兔豕等等。

对汉代或更早的遗物有相当认识者，见到云冈石刻的雕饰，实不能不惊诧北魏时期由外传入崭新花样的数量及势力！盖在花纹方面，西域所传入的式样，实可谓喧宾夺主，从此成为十数世纪以来，中国雕饰的主要渊源。继后唐宋及后代一切装饰花纹，均无疑义的，无例外的，由此展进演化而成。

色彩方面最难讨论，因石窟中所施彩画，全是经过后世的重修，伧俗得很。外壁悬崖小洞，因其残缺，大概停止修葺较早，所以现时所留色彩痕迹，当是较古的遗制，但恐怕绝不会是北魏原来面目。佛像多用朱，背光绿地；凸起花纹用红或青或绿。像身有无数小穴，或为后代施色时用以钉布布箔以涂丹青的。

八、窟前的附属建筑

论到石窟寺附属殿宇部分，我们得先承认，无论今日的石窟寺木构部分所给予我们的印象为若何；其布置及结构的规模为若何，欲因此而推断一千四百余年前初建时的规制，及历后逐渐增辟建造的程序，是个不可能的事。不过距开窟仅四五十年的文献，如《水经注》里边的记载，应当算是我们考据的最可靠材料，不得不先依其文句，细释而检讨点事实，来做参考。

《水经注·漯水条》里，虽无什么详细的描写，但原文简约清晰，亦非夸大之词。“凿石开山，因岩结构。真容巨壮，世法所希。山堂水殿，烟寺相望。林渊锦镜，缀目所眺。”关于云冈巨构，仅这四句简单的描述而已。这四句中，首次末三段，句句既是个真实情形的简说。至今除却河流干涸、沙床已见外，这描写仍与事实相符，可见其中第三句“山堂水殿，烟寺相望”当也是即景说事。不过这句意义，亦可作两种解说。一个是：山和堂，水和殿，烟和寺，各各对望着，照此解释，则无疑的有“堂”“殿”和“寺”的建筑存在，且所给的印象，是这些建筑物与自然相照对峙，必有相当壮丽，在云冈全景中，占据重要的位置的。

第二种解说，则是疑心上段“山堂水殿”句，为含着诗意的比喻，称颂自然形势的描写。简单说便是：据山为堂（已是事实），因水为殿的比喻式，描写“山而堂，水而殿”的意思，因为就形势看山崖临水，前面地方颇近迫，如果重视自然方面，则此说倒也逼切写真，但如此则建筑部分已是全景毫末，仅剩烟寺相望的“寺”，而这寺到底有多少是木造工程，则又不可得而知了。

《水经注》里这几段文字所以给我们附属木构殿宇的印象，明显的当然是在第三句上，但严格说，第一句里的“因岩结构”，却亦负有相当责任的。观现今清制的木构、殿阁，尤其是由侧面看去，实令人感到“因岩结构”描写得恰当真切之至。这“结构”两字，实有不止限于山岩方面，而有注重于木造的意义蕴在里面。

现在云冈的石佛寺木建殿宇，只限于中部第一、第二、第三大洞前面，山门及关帝庙在第二洞中线上。第一洞、第三洞，遂成全寺东西偏院的两阁，而各有其两厢配殿。因岩之天然形势，东西两阁的结构、高度、布置均不同。第二洞洞前正殿高阁共四层，内中留井，周围如廊，沿梯上达于顶层，可平视佛颜。第一洞同之。第三洞则仅三层（洞中佛像亦较小许多），每层有楼廊通第二洞。但因二洞、三洞南北位置之不相同，使楼廊微作曲折，颇增加趣味。此外则第一洞西，有洞门通崖后，洞上有小廊阁。第二洞后崖上，有斗尖亭阁，在全寺的最高处。这些木建殿阁厢庑，依附岩前，左右关连，前后引申，成为一组；绿瓦巍峨，点缀于断崖林木间，遥望颇壮丽，但此寺已是云冈石崖一带现在唯一的木构部分，且完全为清代结构，不见前朝痕迹。近来即此清制楼阁，亦已开始残破，盖断崖前风雨侵凌，固剧于平原各地，木建损毁当亦较速。

关于清以前各时期中云冈木建部分到底若何，在雍正《朔平府志》中记载左云县云冈堡石佛寺古迹一段中，有若干可注意的之点。

《府志》里讲：“……规划甚宏，寺原十所：一曰同升，二曰灵光，三曰镇国，四曰护国，五曰崇福，六曰童子，七曰能仁，八曰华严，九曰天宫，十曰兜率。其中有元载所造石佛二十龛；石窑千孔，佛像万尊。由隋唐历宋元，楼阁层凌，树木蓊郁，俨然为一方胜概……”这里的“寺原十所”的寺，因为明言数目，当然不是指洞而讲。“石佛二十龛”亦与现存诸洞数目相符。唯“元载所造”的“元”，令人颇不解。雍正《通志》同样句，却又稍稍不同，而曰“内有元时石佛二十龛”。这两处恐皆为“元魏时”所误。这十寺既不是以洞为单位计算的，则疑是以其他木构殿宇为单位而命名者。且“楼阁层凌，树木蓊郁”，当时木构不止现今所余三座，亦恰如当日树木蓊郁，与今之秃树枯干，荒凉景象，相形之下，不能同日而语了。

所谓“由隋唐历宋元”之说，当然只是极普通的述其历代相沿下来的意思。以地理论，大同朔平不属于宋，而是辽金地盘；但在时间上固无分别。且在雍正修《府志》时，辽金建筑本可仍然存在的。大同一城之内，辽金木建，至今尚存七八座之多。佛教盛时，如云冈这样重要的宗教中心，亦必有多少建设。所以府志中所写的“楼阁层凌”，或许还是辽金前后的遗建，至少我们由这府志里，只知道“其山最高处曰云冈，冈上建飞阁三重，阁前有世祖章皇帝（顺治）御书‘西来第一山’五字及‘康熙三十五年西征回銮幸寺赐’匾额，而未知其他建造工程”。而现今所存之殿阁，则又为乾、嘉以后的建筑。

在实物方面，可作参考的材料的，有如下各点：

一、龙门石窟崖前。并无木建庙宇。

二、天龙山有一部分有清代木建，另有一部分则有石刻门洞；楣、额、支柱，极为整齐。

三、敦煌石窟前面多有木廊，见于伯希和《敦煌图录》中。前年关于第一百三十洞前廊的年代问题有伯希和先生与思成通信讨论，登载本刊[①]三卷四期，证明其建造年代为宋太平兴国五年的实物。第一百二十窟的年代是宋开宝九年，较第一百三十洞又早四年。

四、云冈西部诸大洞，石质部分已天然剥削过半，地下沙石填高至佛膝或佛腰，洞前布置，石刻或木建，盖早已湮没不可考。

五、云冈中部第五至第九洞，尚留石刻门洞及支柱的遗痕，约略可辨当时整齐的布置。这几洞岂是与天龙山石刻门洞同一方法，不借力于木造的规制的。

六、云冈东部第三洞及中部第四洞崖面石上，均见排列的若干栓眼，即凿刻的小方孔，殆为安置木建上的椽子的位置。察其均整排列及每层距离，当推断其为与木构有关系的证据之一。

①指《中国营造学社汇刊》。

七、因云冈悬崖的形势，崖上高原与崖下河流的关系，原上的雨水沿崖而下，佛龛壁面不免频频被水冲毁。崖石崩坏堆积崖下，日久填高，底下原积的残碑断片，反倒受上面沙积的保护，或许有若干仍完整地安眠在地下，甘心做埋没英雄，这理至显，不料我们竟意外地得到一点对于这信心的实证。

在我们游览云冈时，正遇中部石佛寺旁边，兴建云冈别墅之盛举，大动土木之后，建筑地上，放着初出土的一对石质柱础式样奇古，刻法质朴，绝非近代物。不过孤证难成立，云冈岩前建筑问题，唯有等候于将来有程序的科学发掘了。

九、结论

总观以上各项的观察所及，云冈石刻上所表现的建筑、佛像、飞仙及装饰花纹，给我们以下的结论。

云冈石窟所表现的建筑式样，大部为中国固有的方式，并未受外来多少影响，不但如此，且使外来物同化于中国，塔即其例。印度窣堵波方式，本大异于中国本来所有的建筑，及来到中国，当时仅在楼阁顶上，占一象征及装饰的部分，成为塔刹。至于希腊古典柱头如 gonid order 等虽然偶见，其实只成装饰上偶然变化的点缀，并无影响可说。唯有印度的圆拱（外周作宝珠形的），还比较的重要，但亦只是建筑部分的形式而已。如中部第八洞门廊大柱底下的高 pedestal，本亦是西欧古典建筑的特征之一，既已传入中土，本可发达传布，影响及于中国柱础。孰知事实并不如是，隋唐以及后代柱础，均保守石质覆盆等扁圆形式，虽然偶有稍高的筒形，亦未见多用于后世。后来中国的种种基座，则恐全是由台基及须弥座演化出来的，与此种 pedestal 并无多少关系。

在结构原则上，云冈石刻中的中国建筑，确是明显表示其应用构架原则的。构架上主要部分，如支柱、阑额、斗拱、椽瓦、檐脊等，一一均应用如后代；其形式且均为后代同样部分的初型无疑。所以可以证明，在结构根本原则及形式上，中国建筑两千年来保持其独立性，不曾被外来影响所动摇。所谓受印度、希腊影响者，实仅限于装饰、雕刻两方面的。

佛像雕刻，本不是本篇注意所在，故亦不曾详细做比较研究而讨论之。但可就其最浅见的趣味派别及刀法，略为提到。佛像的容貌衣褶，在云冈一区中，有三种最明显的派别。

第一种是带着浓重的中印度色彩的，比较呆板僵定，刻法呈示在模仿方面的努力。佳者虽勇毅有劲，但缺乏任何韵趣，弱者则颇多伧丑。引人兴趣者，单是其古远的年代，而不是美术的本身。

第二种佛容修长，衣褶质实而流畅。弱者质朴庄严；佳者含笑超尘，美有余韵，气魄纯厚，精神栩栩，感人以超人的定、超神的动；艺术之最高成绩，荟萃于一痕一纹之间，任何刀削雕琢，平畅流丽，全不带烟火气。这种创造，纯为汉族本其固有美感趣味，在宗教艺术方面的发展。其精神与汉刻密切关联，与中印度佛像，反疏隔不同旨趣。

飞仙雕刻亦如佛像，有上面所述两大派别：一为模仿，以印度像为模型；一为创造，综合模仿所得经验，与汉族固有趣味及审美倾向，做新的尝试。

这两种时期距离并不甚远，可见汉族艺术家并未奴隶于模仿，而印度犍陀罗刻像雕纹的影响，只做了汉族艺术家发挥天才的引火线。

云冈佛像还有一种，只是东部第三洞三巨像一例。这种佛像雕刻艺术，在精神方面乃大大退步，在技艺方面则加增谙熟繁巧，讲求柔和的曲线、圆滑的表面。这倾向是时代的，还是主刻者个人的，却难断定了。

装饰花纹在云冈所见，中外杂陈，但是外来者，数量超过原有者甚多。观察后代中国所熟见的装饰花纹，则此种外来的影响势力范围极广。殷周秦汉金石上的花纹，始终不能与之抗衡。

云冈石窟乃西域印度佛教艺术大规模侵入中国的实证。但观其结果，在建筑上并未动摇中国基本结构。在雕刻上只强烈地触动了中国雕刻艺术的新创造——其精神、气魄、格调，根本保持着中国固有的。而最后却在装饰花纹上，输给中国以大量的新题材、新变化、新刻法，散布流传直至今日，的确是个值得注意的现象。

平郊建筑杂录①

北平四郊近二三百年间建筑遗物极多，偶尔郊游，触目都是饶有趣味的古建。其中辽、金、元古物虽然也有，但是大部分还是明清的遗构；有的是显赫的“名胜”，有的是消沉的“痕迹”；有的按期受成群的世界游历团的赞扬，有的只偶尔受诗人们的凭吊，或画家的欣赏。

这些美的存在，在建筑审美者的眼里，都能引起特异的感觉，在“诗意”和“画意”之外，还使他感到一种“建筑意”的愉快。这也许是个狂妄的说法——但是，什么叫作“建筑意”？我们很可以找出一个比较近理的定义或解释来。

顽石会不会点头，我们不敢有所争辩，那问题怕要牵涉到物理学家，但经过大匠之手泽，年代之磋磨，有一些石头的确是会蕴含生气的。天然的材料经人的聪明建造，再受时

①本文原载于1932年11月《中国营造学社汇刊》第3卷第4期，由梁思成、林徽因合撰。

间的洗礼，成美术与历史地理之和，使它不能不引起赏鉴者一种特殊的性灵的融会，神志的感触，这话或者可以算是说得通。

无论哪一个巍峨的古城楼，或一角倾颓的殿基的灵魂里，无形中都在诉说，乃至于歌唱，时间上漫不可信的变迁；由温雅的儿女佳话，到流血成渠的杀戮。他们所给的“意”的确是“诗”与“画”的。但是建筑师要郑重地声明，那里面还有超出这“诗”“画”以外的“意”存在。眼睛在接触人的智力和生活所产生的一个结构，在光影恰恰可人中，和谐的轮廓，披着风露所赐予的层层生动的色彩；潜意识里更有“眼看他起高楼，眼看他楼塌了”凭吊兴衰的感慨；偶然更发现一片，只要一片，极精致的雕纹，一位不知名匠师的手笔，请问那时锐感，即不叫它作“建筑意”，我们也得要临时给他制造个同样狂妄的名词，是不？

建筑审美可不能势利的。大名显赫，尤其是有乾隆御笔碑石来赞扬的，并不一定便是宝贝；不见经传，湮没在人迹罕至的乱草中间的，更不一定不是一位无名英雄。以貌取人或者不可，“以貌取建”却是个好态度。北平近郊可经人以貌取舍的古建筑实不在少数。摄影图录之后，或考证它的来历，或由村老传说中推测它的过往——可以成一个建筑师为古物打抱不平的事业和比较有意思的夏假消遣。而他的报酬便是那无穷的“建筑意”的收获。

一、卧佛寺的平面

说起受帝国主义的压迫，再没有比卧佛寺委屈的了。卧佛寺的住持智宽和尚，前年偶同我们谈天，用“叹息痛恨于桓灵”的口气告诉我，他的先师老和尚，如何如何地与青年会订了合同，以每年一百元的租金，把寺的大部分租借了二十年，如同胶州湾、辽东半岛的条约一样。

其实这都怪那佛一觉睡几百年不醒，到了这危难的关点，还不起来给老和尚当头棒喝，使他早早觉悟，组织个佛教青年会西山消夏团。虽未必可使佛法感化了摩登青年，至少可借以繁荣了寿安山……不错，那山叫寿安山……又何至等到今年五台山些少的补助，才能修葺开始残破的庙宇呢！

我们也不必怪老和尚，也不必怪青年会……其实还应该感谢青年会。要是没有青年会，今天有几个人会知道卧佛寺那样一个山窝子里的去处。在北方——尤其是北平——上学的人，大半都到过卧佛寺。一到夏天，各地学生们，男的、女的，谁不愿意来消消夏，爬山、游水、骑驴，多么优哉游哉。据说每年夏令会总成全了许多爱人儿们的心愿，想不到睡觉的释迦牟尼，还能在梦中代行月下老人的职务，也真是佛法无边了。

从玉泉山到香山的马路，快近北辛村的地方，有条岔路忽然转北上坡的，正是引导你到卧佛寺的大道。寺是向南，一带山屏障似的围住寺的北面，所以寺后有一部分渐高，一直上了山脚。在最前面，迎着来人的，是寺的第一道牌楼，那还在一条柏荫夹道的前头。当初这牌楼是什么模样，我们大概还能想象，前人做的事虽不一定都比我们强，却是关于这牌楼大概无论如何他们要比我们大方得多。现在的这座只说它不顺眼已算十分客气，不知哪一位和尚化来的酸缘，在破碎的台基上，竖了四根小柱子，上面横钉了几块板，就叫它作牌楼。这算是经济萎衰的直接表现，还是宗教力渐弱的间接表现？一时我还不能答复。

顺着两行古柏的马道上去，骤然间到了上边，才看见另外的鲜明的一座琉璃牌楼在眼前。汉白玉的须弥座，三个汉白玉的圆门洞，黄绿琉璃的柱子，横额，斗拱，檐瓦。如果你相信一个建筑师的自言自语，“那是乾嘉间的做法”。至于《日下旧闻考》所记寺前为门的如来宝塔，却已不知去向了。

琉璃牌楼之内，有一道白石桥，由半月形的小池上过去。池的北面和桥的旁边，都有精致的石栏杆，现在只余北面一半，南面的已改成洋灰抹砖栏杆。这池据说是“放生池”，里面的鱼，都是“放”的。佛寺前的池，本是佛寺的一部分，用不着我们小题大做地讲。但是池上有桥，现在虽处处可见，但它的来由却不见得十分古远。在许多寺池上，没有桥的却较占多数。至于池的半月形，也是个较近的做法，古代的池大半都是方的。池的用途多是放生、养鱼。但是刘士能先生告诉我们说南京附近有一处律宗的寺，利用山中溪水为月牙池，和尚们每斋都跪在池边吃，风雪无阻，吃完在池中洗碗。幸而卧佛寺的和尚们并不如律宗的苦行，不然放生池不唯不能放生，怕还要变成脏水坑了。

与桥正相对的是山门。山门之外，左右两旁，是钟鼓楼，从前已很破烂，今年忽然大大地修整起来。连角梁下失去的铜铎，也用二十一号的白铅铁焊上，油上红绿颜色，如同东安市场的国货玩具一样的鲜明。

山门平时是不开的，走路的人都从山门旁边的门道出入。入门之后，迎面是一座天王殿，里面供的是四天王——就是四大金刚——东西梢间各两位对面侍立，明间面南的是光肚笑嘻嘻的阿弥陀佛，面北合十站着的是韦驮。

再进去是正殿，前面是月台，月台上（在秋收的时候）铺着金黄色的老玉米，像是专替旧殿着色。正殿五间，供三位喇嘛式的佛像。据说正殿本来也有卧佛一躯，雍正还看见过，是旃檀佛像，唐太宗贞观年间的东西。却是到了乾隆年间，这位佛大概睡醒了，不知何时上哪儿去了。只剩了后殿那一位，一直睡到如今，还没有醒。

从前面牌楼一直到后殿，都是建立在一条中线上的。这个在寺的平面上并不算稀奇，罕异的却是由山门之左右，有游廊向东西，再折而向北，其间虽有方丈客室和正殿的东西配殿，但是一气连接，直到最后面又折而东西，回到后殿左右。这一周的廊，东西（连山门和后殿算上）十九间，南北（连方丈配殿算上）四十间，成一个大长方形。中间虽立着天王殿和正殿，却不像普通的庙殿，将全寺用“四合头”式前后分成几进，这是少有的。在这点上，刘士能先生在智化寺调查记中说：“唐宋以来有伽蓝七堂之称。唯各宗略有异同，而同在一宗，复因地域环境，互相增省……”现在卧佛寺中院，除去最后的后殿外，前面各堂为数适七，虽不敢说这是七堂之例，但可借此略窥制度耳。

这种平面布置，在唐宋时代很是平常，敦煌壁画里的伽蓝都是如此布置，在日本各地也有飞鸟平安时代这种的遗例。在北平一带（别处如何未得详究），却只剩这一处唐式平面了。所以人人熟识的卧佛寺，经过许多人用帆布床“卧”过的卧佛寺游廊，是还有一点新的理由，值得游人将来重加注意的。

卧佛寺各部殿宇的立面（外观）和断面（内部结构）却都是清式中极规矩的结构，用不着细讲。至于殿前伟丽的娑罗宝树，和树下消夏的青年们所给予你的是什么复杂的感觉，那是各人的人生观问题，建筑师可以不必参加意见。事实极明显的，如东院几进宜于消夏乘凉；西院的观音堂总有人租住；堂前的方池——旧籍中无数记录的方池——现在已成了游泳池，更不必赘述或加任何的注解。

“凝神映性”的池水，用来作锻炼身体之用，在青年会道德观之下，自成道理——没有康健的身体，焉能有康健的精神？——或许！或许！但怕池中的微生物杂菌不甚懂事。

池的四周原有精美的白石栏杆，已拆下叠成台阶，做游人下池的路。不知趣的，容易伤感的建筑师，看了又一阵心酸。其实这不算稀奇，中世纪的教皇们不是把古罗马时代的庙宇当石矿用，采取那石头去修“上帝的房子”吗？这台阶——栏杆——或也不过是将原来离经叛道“崇拜偶像者”的迷信废物，拿去为上帝人道尽义务。“保存古物”，在许多人听去当是一句迂腐的废话。“这年头！这年头！”每个时代都有些人在没奈何时，喊着这句话出出气。

二、法海寺门与原先的居庸关

法海寺在香山之南，香山通八大处马路的西边不远。一个很小的山寺，谁也不会上那里去游览的。寺的本身在山坡上，寺门却在寺前一里多远山坡底下。坐汽车走过那一带的人，怕绝对不会看见法海寺门一类无关轻重的东西的。骑驴或走路的人，也很难得注意到在山谷碎石堆那一点小建筑物。尤其是由远处看，它的颜色和背景非常相似。因此看见过法海寺门的人我敢相信一定不多。

特别留意到这寺门的人，却必定有。因为这寺门的形式是与寻常的极不相同：有圆拱门洞的城楼模样，上边却顶着一座喇嘛式的塔——一个缩小的北海白塔。这奇特的形式，不是中国建筑里所常见。

这圆拱门洞是石砌的。东面门额上题着“敕赐法海禅寺”，旁边陪着一行“顺治十七年夏月吉日”的小字。西面额上题着三种文字，其中看得懂的中文是“唵巴得摩乌室尼渴毕麻列吽敀吒”，其他两种或是满、蒙各占其一个。走路到这门下，疲乏之余，读完这一行题字也就觉得轻松许多！

门洞里还有隐约的画壁，顶上一部分居然还勉强剩出一点颜色来。由门洞西望，不远便是一座石桥，微拱地架过一道山沟，接着一条山道直通到山坡上寺的本身。

门上那座塔的平面略似十字形而较复杂。立面分多层，中间束腰石色较白，刻着生猛的浮雕狮子。在束腰上枋以上，各层重叠像阶级，每级每面有三尊佛像。每尊佛像带着背光，成一浮雕薄片，周围有极精致的琉璃边框。像脸不带色釉，眉目口鼻均伶俐秀美，全脸大不及寸余。座上便是塔的圆肚，塔肚四面四个浅龛，中间坐着浮雕造像，刻工甚俊。龛边亦有细刻。更上是相轮(或称刹)，刹座刻作莲瓣，外廓微作盆形，底下还有小方十字座。最顶尖上有仰月的教徽。仰月徽去夏还完好，今秋已掉下。据乡人说是八月间大风雨吹掉的，这塔的破坏于是又进了一步。

这座小小带塔的寺门，除门洞上面一围砖栏杆外，完全是石造的。这在中国又是个少有的例。现在塔座上斜长着一棵古劲的柏树，为塔门增了不少的苍姿，更像是做它的年代的保证。为塔门保存计，这种古树似要移去的。怜惜古建的人到了这里真是彷徨不知所措；好在在古物保存如许不周到的中国，这忧虑未免神经过敏！

法海寺门特点却并不在上述诸点，石造及其年代等等，主要的却是它的式样与原先的居庸关相类似。从前居庸关上本有一座塔的，但因倾颓已久，无从考其形状。不想在平郊竟有这样一个发现。虽然在《日下旧闻考》里法海寺只占了两行不重要的位置；一句轻淡的“门上有小塔”，在研究居庸关原状的立脚点看来，却要算个重要的材料了。

三、杏子口的三个石佛龛

由八大处向香山走，出来不过三四里，马路便由一处山口里开过。在山口路转第一个大弯，向下直趋的地方，马路旁边，微偻的山坡上，有两座小小的石亭。其实也无所谓石亭，简直就是两座小石佛龛。两座石龛的大小稍稍不同，而它们的背面却同是不客气地向着马路。因为它们的前面全是向南，朝着另一个山口——那原来的杏子口。

在没有马路的时代，这地方才不愧称作山口。在深入三四十尺的山沟中，一道唯一的蜿蜒险狭的出路；两旁对峙着两堆山，一出口则豁然开朗一片平原田壤，海似的平铺着，远处浮出同孤岛一般的玉泉山，托住山塔。这杏子口的确有小规模的“一夫当关，万夫莫敌”的特异形势。两石佛龛既据住北坡的顶上，对面南坡上也立着一座北向的，相似的石龛，朝着这山口。由石峡底下的杏子口往上看，这三座石龛分峙两崖，虽然很小，却顶着一种超然的庄严，镶在碧澄澄的天空里，给辛苦的行人一种神异的快感和美感。

现时的马路是在北坡两龛背后绕着过去，直趋下山。因其逼近两龛，所以驰车过此地的人，绝对要看到这两个特别的石亭子的。但是同时因为这山路危趋的形势，无论是由香山西行，还是从八大处东去，谁都不愿冒险停住快驶的汽车去细看这么几个石佛龛子。于是多数过路车客，全都遏制住好奇爱古的心，冲过去便算了。

假若作者是个细看过这石龛的人，那是因为他是例外，遏止不住他的好奇爱古的心，在冲过便算了不知多少次以后发誓要停下来看一次的。那一次也就不算过路，却是带着照相机去专程拜谒；且将车驶过那危险的山路停下，又步行到龛前后去瞻仰丰采的。

在龛前，高高地往下望着那刻着几百年车辙的杏子口石路，看一个小泥人大小的农人挑着担过去，又一个带朵鬓花的老婆子，夹着黄色包袱，弯着背慢慢地踱过来，才能明白这三座石龛本来的使命。如果这石龛能够说话，它们或不能告诉得完它们所看过经过杏子口底下的图画——那时一串骆驼正在一个跟着一个的，穿出杏子口转下一个斜坡。

北坡上这两座佛龛是并立在一个小台基上，它们的结构都是由几片青石片合成——每面墙是一整片，南面有门洞，屋顶每层檐一片。西边那座龛较大，平面一米余见方，高约二米。重檐，上层檐四角微微翘起，值得注意。东面墙上有历代的刻字、跑着的马、人脸的正面等等。其中有几个年月人名，较古的有“承安五年四月廿三日到此”和“至元九年六月十五日□□□贾智记”。承安是金章宗年号，五年是公元一二〇〇年。至元九年是元世祖的年号，元顺帝的至元到六年就改元了，所以是公元一二七二年。这小小的佛龛，至迟也是金代遗物，居然在杏子口受了七百多年以上的风雨，依然存在。当时巍然顶在杏子口北崖上的神气，现在被煞风景的马路贬到盘坐路旁的谦抑；但它们的老资格却并不因此减损，那种倚老卖老的倔强，差不多是傲慢冥顽了。西面墙上有古拙的画——佛像和马——那佛像的样子，骤看竟像美洲土人的 Totian-Pole（图腾柱）。

龛内有一尊无头趺坐的佛像，虽像身已裂，但是流丽的衣褶纹，还有“南宋期”的遗风。

台基上东边的一座较小，只有单檐，墙上也没字画。龛内有小小无头像一躯，大概是清代补做的。这两座都有苍绿的颜色。

台基前面有宽二米长、四米余的月台，上面的面积勉强可以叩拜佛像。

南崖上只有一座佛龛，大小与北崖上小的那座一样。三面做墙的石片，已成纯厚的深黄色，像纯美的烟叶。西面刻着双钩的“南”字，南面“无”字，东面“佛”字，都是径约八分米。北面开门，里面的佛像已经失了。

这三座小龛，虽不能说是真正的建筑遗物，也可以说是与建筑有关的小品。不只诗意画意都很充足，“建筑意”更是丰富，实在值得停车一览。至于走下山坡到原来的杏子口里往上真真瞻仰这三龛本来庄严峻立的形势，更是值得。

关于北平掌故的书里，还未曾发现关于这三座石佛龛的记载。好在对于它们年代的审定，因有墙上的刻字，已没有什么难题。所可惜的是它们渺茫的历史无从参考出来，为我们的研究增些趣味。

平郊建筑杂录（续）①

——天宁寺塔建筑年代之鉴别问题

一年来，我们在内地各处跑了些路，反倒和北平生疏了许多，近郊虽近，在我们心里却像远了一些，北平广安门外天宁寺塔的研究的初稿竟然原封未动。许多地方竟未再去图影实测，一年半前所关怀的平郊胜迹，那许多美丽的塔影、城角、小楼、残碣于是全都淡淡地、委屈地在角落里初稿中尽睡着下去。

我们想国内爱好美术古迹的人日渐增加，爱慕北平名胜者更是不知凡几，或许对于如何鉴别一个建筑物的年代也常有人感到兴趣，我们这篇讨论天宁寺塔的文字或可供研究者参考。

关于天宁寺塔建造的年代，据一般人的传说及康熙、乾隆的碑记，多不负责地指为隋建，但依塔的式样来作实物的比较，将全塔上下各部逐件指点出来，与各时代其他砖塔对

①本文原载于1935年《大久报·艺术周刊》第25期，本篇为节选，由梁思成、林徽因合撰。

比，再由多面引证反证所有关于这塔的文献，谁也可以明白这塔之绝对不能是隋代原物。

国内隋唐遗建，纯木者尚未得见，砖石者亦大罕贵，但因其为佛教全盛时代，常留大规模的图画雕刻散迹于各处，如敦煌、云岗、龙门等等，其艺术作风，建筑规模，或花纹手法，则又为研究美术者所熟审。宋辽以后遗物虽有不载朝代年月的，可考者终是较多，且同时代、同式样、同一作风的遗物亦较繁多，互相印证比较容易。故前人泥于可疑的文献，相传某物为某代原物的，今日均不难以实物比较方法，用科学考据态度，重新探讨，辩证其确实时代。这本为今日治史及考古者最重要亦最有趣的工作。

我们的《平郊建筑杂录》，本预定不录无自己图影或测绘的古迹，且均附游记，但是这次不得不例外。原因是《艺术周刊》已预告我们的文章一篇，一时因图片关系交不了卷，近日这天宁寺又尽在我们心里欠伸活动，再也不肯在稿件中间继续睡眠状态，所以决意不待细测全塔，先将对天宁寺简略的考证及鉴定，提早写出，聊作我们对于鉴别建筑年代方法程序的意见，以供同好者的参考。希望各处专家读者给以指正。

广安门外的天宁寺塔，是属于那种特殊形式，研究塔者常直称其为“天宁式”的，因为此类塔散见于北方各地，自成一派，天宁则又是其中规模最著者。此塔不仅是北平近郊古建遗迹之一，且是历来传说中，颇多误认为隋朝建造的实物。但其塔型显然为辽金最普通的式样，细部手法亦均未出宋辽规制范围，关于塔之文献方面材料又全属于可疑一类，直至清代碑记，及《顺天府志》等，始以坚确口气直称其为隋建。传说塔最上一层南面有碑，关于其建造年代，将来或可在这碑上找到最确实的明证，今姑分文献材料及实物作风两方面讨论之。讨论之前，先略述今塔的形状如下。

简略地说，塔的平面为八角形，立面显著地分三部：一，繁复之塔座；二，较塔座略细之第一层塔身；三，以上十二层支出的密檐。全塔砖造高五七点八〇公尺，合国尺十七丈有奇。

塔建于一方形大平台之上，平台之上始立八角形塔座。座甚高，最下一部为须弥座，其“束腰”有“壶门”花饰，转角有浮雕像。此上又有镂刻着壶门浮雕之束腰一道。最上一部为勾栏斗拱俱全之“平座”一围，阑上承三层仰翻莲瓣。

纤细的第一层塔身立于仰莲座之上，其高度几等于整个塔座，四面有拱门及浮雕像，其他四面又各有直棂窗及浮雕像。此段塔身与其上十三层密檐是划然成塔座以上的两个不同部分，十三层密檐中，最下一层是属于这第一层塔身的，出檐稍远，檐下斗拱亦与上层稍稍不同。

上部十二层，每层仅有出檐及斗拱，各层重叠不露塔身。宽度则每层向上递减，递减率且向上增加，使塔外廓作缓和之“卷杀”。

塔各层出檐不远，檐下均施“双抄斗拱”。塔的转角为立柱，故其主要的“柱头铺作”，亦即为其“转角铺作”。在上十二层两转角间均用“补间铺作”两朵。唯有第一层只用补间铺作一朵。第一层斗拱与上各层做法不同之处在转角及补间均加用“斜拱”一道。

塔顶无刹，用两层八角仰莲，上托小须弥座，座承宝珠。塔纯为砖造，内心并无梯级可登。

历来关于天宁寺的文献，《日下旧闻考》中，殆已搜集无遗，共计集有《神州塔传》《续高僧传》《广宏明集》《帝京景物略》《长安客话》《析津日记》《隩志》《艮斋笔记》《明典汇》《冷然志》，及其他关于这塔的记载，以及乾隆重修天宁寺碑文及各处许多的题诗（康熙天宁寺《礼塔碑记》并未在内）。所收材料虽多，但关于现存砖塔建造的年代，则除却年代最后的那个乾隆碑之外，综前代的文献中，无一句有确实性的明文记载。

不过《顺天府志》将《日下旧闻考》所集的各种记述，竟然自由草率地综合起来，以确定的语气说“寺为元魏所造，隋为宏业，唐为天王，金为大万安，寺当元末兵火荡尽，明初重修，宣德改曰天宁，正统更名广善戒坛，后复今名……寺内隋塔高二十七丈五尺五寸……”等。

按《日下旧闻考》中诸文多重复抄袭及迷信传述，有朝代年月，及实物之记载的，有下列重要的几段。

（一）《神州塔传》：“隋仁寿间幽州宏业寺建塔藏舍

利。”此书在文献中年代大概最早，但传中并未有丝毫关于塔身形状、材料、位置之记述，故此段建塔的记载，与现存砖塔的关系完全是疑问的。仁寿间宏业寺建塔，藏舍利，并不见得就是今天立着的天宁寺塔，这是很明显的。

（二）《续高僧传》：“仁寿下敕召送舍利于幽州宏业寺，即元魏孝文之所造，旧号光林……自开皇末，舍利到前，山恒倾摇……及安塔竟，山动自息……”

《续高僧传》，唐时书，亦为集中早代文献之一。按此在隋开皇中“安塔”，但其关系与今塔如何则仍然是有疑问的。

（三）《广宏明集》：“仁寿二年分布舍利五十一州，建立灵塔。幽州表云，三月二十六日，于宏业寺安置舍利……”

这段仅记安置舍利的年月，也是与上两项一样的与今塔（即现存的建筑物）并无确实关系。

（四）《帝京景物略》：“隋文帝遇阿罗汉授舍利一囊……乃以七宝函致雍岐等十三州建一塔，天宁寺其一也，塔高十三寻，四周缀铎万计……塔前一幢，书体遒美，开皇中立……”

这是一部明末的书，距隋已隔许多朝代。在这里我们第一次见到隋文帝建塔藏舍利的历史与天宁寺塔串在一起的记载。据文中所述高十三寻缀铎的塔，颇似今存之塔，但这高十三寻缀铎的塔，是否即隋文帝所建，则仍无根据。

此书行世在明末，由隋至明这千年之间，除唐以外，辽、金、元对此塔既无记载，隋文帝之塔，本可几经建造而不为此明末作者所识。且六朝及早唐之塔，根据我们知道的，如《洛阳伽蓝记》所述之“胡太后塔”，及日本现存之京都法隆寺塔，均是木构。我们所见的邓州大兴国寺，仁寿二年的舍利宝塔下铭，铭石圆形，亦像是埋在木塔之“塔心柱”下那块圆础下层石，使我们疑心仁寿分布诸州之舍利塔均为隋时最普遍之木塔。这明末作者不及见那木构原物，所谓——十三缀铎的塔倒是今日的砖塔。至于开皇石幢，据《析津日记》(亦明代书)所载，则早已失所在。

(五)《析津日记》：“寺在元魏为光林，在隋为宏业，在唐为天王，在金为大万安，宣德修之曰天宁，正统中修之曰万寿戒坛，名凡数易。访其碑记，开皇石幢已失所在，即金元旧碣亦无片石矣。盖此寺本名宏业，而王元美谓幽州无宏业，刘同人谓天宁之先不为宏业，皆考之不审也。”

《析津日记》与《帝京景物略》同为明人书，但其所载“天宁之先不为宏业”及“考之不审也”，这种疑问态度与《帝京景物略》之武断恰恰相反，且作者“访其碑记”要寻“金元旧碣”对于考据之慎重亦与《景物略》不同，这个记载实在值得注意。

(六)《陕志》，不知明代何时书，似乎较以上两书稍早。文中：“天王寺之更名天宁也，宣德十年事也；今塔下有碑勒更名敕，碑阴则正统十年刊行藏经敕也。碑后有尊胜陀罗尼石幢，辽重熙十七年五月立。”

此段记载，性质确实之外，还有个可注意之点，即辽重熙年号及刻有此年号之实物，在此轻轻提到，至少可以证明两桩事：一、辽代对于此塔亦有过建设或增益；二、此段历史完全不见记载，乃至于完全失传。

（七）《长安客话》：“寺当元末兵火荡尽；文皇在潜邸，命所司重修。姚广孝曾居焉。宣德间敕更今名。”这段所记“寺当元末兵火荡尽”，因下文重修及“姚广孝曾居焉”等语气，似乎所述仅限于寺院，不及于塔。如果塔亦荡尽，文皇（成祖）重修时岂不还要重建塔？如果真的文皇曾重建个大塔，则作者对于此事当不止用“命所司重修”一句。且《长安客话》距元末，至少已两百年，兵火之后到底什么光景，那作者并不甚了了，他的注意处在夸扬文皇在潜邸重修的事耳。

（八）《冷然志》：书的时代既晚，长篇的描写对于塔的神话式来源又已取坚信态度，更不足凭信。不过这里认为塔前有开皇幢，或为辽重熙幢之误。

关于天宁寺的文献，完全限于此种疑问式的短段记载。至于康熙、乾隆长篇的碑文，虽然说得天花乱坠，对于天宁寺过去的历史，似乎非常明白，毫无疑问之处，但其所根据，也只是限于我们今日所知道的一把疑云般的不完全的文献材料，其确实性根本不能成立。且综以上文献看来，唐以后关于塔只有明末清初的记载，中间要紧的各朝代经过，除辽重熙立过石幢，金大定易名大万安禅寺外，并无一点记述，今塔的真实历史在文献上可以说并无把握。

文献资料既如上述的不完全、不可靠，我们唯有在形式上鉴定其年代。这种鉴别法，完全赖观察及比较工作所得的经验，如同鉴定字画、金石、陶瓷的年代及真伪一样，虽有许多为绝对的，且可以用文字笔墨形容之点，也有一些是较难，乃至不能言传的，只好等观者由经验去意会。

其可以言传之点，我们可以分作两大类去观察：（一）整个建筑物之形式（也可以说是图案之概念）；（二）建筑各部之手法或作风。

关于图案概念一点，我们可以分作平面（plan）及立面（elevation）讨论。唐以前的塔，我们所知道的，平面差不多全作正方形。实物如西安大雁塔、小雁塔、玄奘塔、香积寺塔、嵩山永泰寺塔，及房山云居寺四个小石塔……河南、山东无数唐代或以前高僧墓塔，如山东神通寺四门塔、灵岩寺法定塔、嵩山少林寺法玩塔等等。刻绘如云冈、龙门石刻、敦煌壁画等等，平面都是做正方形的。我们所知的唯一的例外，在唐以前的，唯有嵩山嵩岳寺塔，平面做十二角形，这十二角形平面，不唯在唐以前是例外，就是在唐以后，也没有第二个，所以它是个例外之最特殊者，是中国建筑史中之独例。除此以外，则直到中唐或晚唐，方有非正方形平面的八角形塔出现，这个罕贵的遗物即嵩山会善寺净藏禅师塔。按禅师于天宝五年圆寂，这塔的兴建，绝不会在这年以前，这塔短稳古拙，亦是孤例，而比这塔还古的八角形平面塔，除去天宁寺——假设它是隋建的话——别处还未得见过。

在我们今日，觉得塔的平面或作方形，或作多角形，没甚奇特。但是一个时代的作者，大多数跳不出他本时代盛行的作风或规律以外的——建筑物尤甚——所以生在塔平面做方形的时代，能做出一个平面不做方形的塔来，是极罕有的事。

至于立面方面，我们请先看塔全个的轮廓及这轮廓之所以形成。天宁寺的塔，是在一个基坛之上立须弥座，须弥座上立极高的第一层，第一层以上有多层密而扁的檐的。这种第一层高，以上多层扁矮的塔，最古的例当然是那十二角形嵩山嵩岳寺塔，但除它而外，是须到唐开元以后才见有那类似的做法，如房山云居寺四小石塔。在初唐期间，砖塔的做法，多如大雁塔一类各层均等递减的。但是我们须注意，唐以前的这类上段多层密檐塔，不唯是平面全作方形而且第一层之下无须弥座等雕饰，且上层各檐是用砖层层垒出，不施斗拱，其所呈的外表，完全是两样的。

所以由平面及轮廓看来，竟略可证明天宁寺塔，为隋代所建之绝不可能，因为唐以前的建筑师就根本没有这种塔的观念。

至于建筑各部的手法作风，则更可以辅助着图案概念方面不足的证据，而且往往更可靠，更易于鉴别。我们不妨详细将这塔的每个部分提出审查。

建筑各部构材，在中国建筑中占位置最重要的，莫过于斗拱。斗拱演变的沿革，差不多就可以说是中国建筑结构法演变史。在看多了的人，差不多只须一看斗拱，对一座建筑物的年代，便有七八分把握。建筑物之用斗拱，据我们所知道的，是由简而繁。砖塔石塔最古的例如北周神通寺四门塔及东魏嵩岳寺十二角十五层塔，都没有斗拱。次古的如西安大雁塔及香积寺砖塔，皆属初唐物，只用斗而无拱。与之略同时或略后者如西安兴教寺玄奘塔，则用简单的一斗三升交蚂蚱头在柱头上。直至会善寺净藏塔，我们始得见简单人字拱的补间铺作。神通寺龙虎塔建于唐末，只用双抄偷心华拱。真正用砖石来完全模仿成朵复杂的斗拱的，至五代宋初始见，其中便是如我们所见的许多“天宁式”塔。此中年代确实的有辽天庆七年的房山云居寺南塔，金大定二十五年的正定临济寺青塔，还有蓟县白塔、正定清塔等等。在那时候还有许多砖塔的斗拱是木质的，如杭州雷峰塔、保俶塔、六和塔等等。

天宁寺塔的斗拱，最下层平坐，用华拱两跳偷心，补间铺作多至三朵。主要的第一层，斗拱出两跳华拱，角柱上的转角铺作，在太斗之旁，有附角斗，补间铺作一朵，用四十五度斜拱。这两个特点，都与大同善化寺金代的三圣殿相同。第二层以上，则每面用补间铺作两朵；补间铺作之繁重，亦与转角铺作相埒，都是出华拱两跳，第二跳偷心的。就我们所知，唐以前的建筑，不唯没有用补间铺作两朵的，而且虽用一朵，亦只极简单，纯处于辅材的地位的直斗或人字拱等而已。就斗拱看来，这塔是绝对不能早过辽宋时代的。

承托斗拱的柱额，亦极清楚地表示它的年代。我们只须一看年代确定的唐塔或六朝塔，凡是用倚柱（Engaged Column）的，如嵩岳寺塔、玄奘塔、净藏塔，都用八角（或六角?）形柱，虽然有一两个用扁柱（pilaster）的，如大雁塔，却是显然不模仿圆或角柱形。圆形倚柱之用在砖塔，唐以前虽然不能定其必没有，而唐以后始盛行。天宁寺塔的柱，是圆的。这圆柱之上，有额枋，额枋在角柱上出头处，斫齐如辽建中所常见，蓟县独乐寺、太同下华严寺都有如此的做法。额枋上的普拍枋，更令人疑它年代之不能很古，因为唐以前的建筑，十之八九不用普拍枋，上文所举之许多例，率皆如此。但自宋辽以后，普拍枋已占了重要位置。这额枋与普拍枋，虽非绝对证据，但亦表示结构是辽金以后而又早于元时的极高可能性。

在天宁寺塔的四正面有圆拱门，四隅面有直棂窗。这诚然都是古制，尤其直棂窗，那是宋以后所少用。但是圆门券上，不用火焰形券饰，与大多数唐代及以前佛教遗物异其趣旨。虽然，其上浮雕璎珞宝盖略作火焰形，疑原物或照古制，为重修时所改。至于门扇上的菱花格棂，则尤非宋以前所曾见，唐五代砖石各塔的门及敦煌壁画中我们所见的都是钉门钉的板门。

栏杆的做法，又予我们以一个更狭的年代范围。现在常见的明清栏杆，都是每两栏板之间立一望柱的。宋元以前，只在每面转角处立望柱而“寻杖”特长。天宁寺塔便是如此，这可以证明它是明代以前的形制。这种的栏杆，均用斗子蜀柱，分隔各栏板，不用明清式的荷叶墩。我们所知道的辽金塔，斗子蜀柱都做得非常清楚，但这塔已将原形失去，斗子与柱之间，只马马虎虎地用两道线条表示，想是后世重修时所改。至于栏板上的几何形花纹，已不用六朝隋唐所必用的特种拱字纹，而代以较复杂者。与蓟县独乐寺观音阁内栏板及大同华严寺壁藏上栏板相同。凡此种种，莫不倾向着辽金原形而又经明清重修的表示。

平坐斗拱之下，更有间柱及壶门。间柱的位置，与斗拱不相对，其上力神像当在下文讨论。壶门的形式及其起线，软弱柔圆，不必说没有丝毫六朝刚强的劲儿，就是与我们所习见的宋代扁桃式壶门比，也还比不上其健稳。我们的推论，也以为是明清重修的结果。

至于承托这整个塔的须弥座，则上枋之下用枭混(cyma-recta)，而我们所见过的须弥座，自云冈龙门以至辽宋遗物，无一不是层层方角叠出，间或用四十五度斜角线者。枭混之用，最早也过不了五代末期，若说到隋，那更是绝不可能的事。

关于雕刻，在第一主层上，夹门立天王，夹窗立菩萨，窗上有飞天，不必“从事美术十余年”，只要将中国历代雕刻遗物略看一遍，便可定其大略的年代。由北魏到隋唐的佛像飞天，到宋辽塑像画壁，到元明清塑刻，刀法笔意及布局姿势，莫不清清楚楚地可以顺着源流鉴别的。若与隋唐的比较，则山东青州云门山、山西天龙山、河南龙门，都有不少的石刻。这些相距千里的约略同时的遗作，都有几个或许多个共同之点，而绝非天宁寺塔像所有。近来有人竟说塔中造像含有犍陀罗风，其实隋代石刻，虽在中国佛教美术中算是较早期的作品，但已将南北朝时所含的犍陀罗风味摆脱得一干二净，而自成一种淳朴古拙的气息。而天宁寺塔上更是没有犍陀罗风味。

至于平坐以下的力神、狮子，和垫拱板上的卷草西番莲一类的花纹，我想勉强说它是辽金的作品，还不甚够资格，恐怕仍是经过明清照原样修补的，虽然各像衣褶，仍较清全盛时单纯静美，无后代繁褥云朵及俗气逼人的飘带。但窗棂上部之飞仙已类似后来常见之童子，与隋唐那些脱尽人间烟火气的飞天，岂能混作一谈。

综上所述，我们可以断定天宁寺塔绝对不是隋宏业寺的原塔。而在年代确定的砖塔中，有房山云居寺辽代南塔与之最相似，此外涿县普寿寺辽塔及确为辽金而年代未经记明的塔如云居寺北塔、通州塔及辽宁境内许多的砖塔，式样手法都与之相仿佛。正定临济寺金大定二十五年的青塔也与之相似，但较之稍清秀。

与之采同式而年代较后者有安阳天宁寺八角五层砖塔，虽无正确的文献纪其年代，但是各部作风纯是元明以后法式。北平八里庄慈寿寺塔，建于明万历四年，据说是仿照天宁寺塔建筑的，但是细查其各部，则斗拱、檐椽、额枋、券门、券窗、格棂、如意头、莲瓣、栏杆（望柱极密）、平坐、枭混、圭脚——由顶至踵，无一不是明清官式则例。

所以天宁寺塔之年代，在这许多类似砖塔中比较起来，我们可暂时假定它与云居寺南塔时代约略相同，是辽末（十二世纪初期）的作品，较之细瘦之通州塔及正定临济寺青塔稍早，而其细部成有极晚之重修。在未得到文献方面更确实证据之前，我们仅能如此鉴定了。

我们希望“从事美术”的同志们，对于史料之选择及鉴别，须十分慎重，对于实物制度作风之认识尤绝不可少，单凭一座乾隆碑，追述往事，便认为确实史料，则未免太不认真，以前的皇帝考古家尽可以自由浪漫地记述，在民国二十四年以后一个老百姓美术家说句话都得负得起责任的。

最后我们要向天宁寺塔赔罪，因为急于辩证它的建造年代，我们竟不及提到塔之现状，其美丽处，如其隆重的权衡、淳和的色斑，及其他细部上许多意外的美点，不过无论如何天宁寺塔也绝不会因其建造时代之被证实，而减损其本身任何的价值的。喜欢写生者只要不以隋代古建、唐人作风目之，误会宣传此塔之古，则当仍是写生的极好题材。